青少年科普丛书

QUANTUM THEORY

量子理论

〔美〕J.P. 麦克沃伊（J.P.McEvoy） 著

〔英〕奥斯卡·萨拉特（Oscar Zarate） 绘

季燕江 译

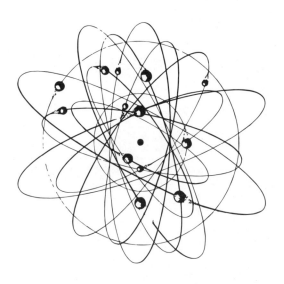

重庆大学出版社

QUANTUM THEORY
目 录

什么是量子理论？

量子理论是人类有史以来最成功的一套理论。它解释了元素周期表及为什么物质会发生化学反应。它可以精确地描述激光和半导体芯片的运行原理、DNA 的稳定性及阿尔法粒子是如何从原子核中隧穿出来的。

爱因斯坦

泡利

狄拉克

量子理论是非直观的，并且违背了我们的常识。

最近，它的概念被比作东方哲学，并被用来研究意识、自由意志和偏执狂的秘密。

本书回答了这个问题：量子理论是从何而来的？

薛定谔

普朗克

玻恩

量子理论还从来没有失败过。

量子理论本质上是数学的……

它的结构彻底改变了我们看待物质世界的方式。

玻尔

德布罗意

海森堡

尼尔斯·玻尔在 1927 年对量子理论的阐述仍然是今天的正统观念。但爱因斯坦在 20 世纪 30 年代提出的"思想实验"质疑了这个理论的基础的有效性，并且至今还在引发争论。他还能继续保持正确吗？是否有什么被忽略了？让我们回到故事的开始……

据说，给一个纯粹的初学者解释量子理论要比给一个经典物理学家解释量子理论容易得多。

你开玩笑的吧！他们这些经典物理学家在面对现代理论时的疑惑是什么？

　　他们的疑惑是这样的：在 20 世纪初的世纪之交，物理学家对他们关于物质和辐射本质的理论非常自信，以至于他们很少考虑任何与经典物理学观念矛盾的新概念。

　　不仅艾萨克·牛顿（1643—1727）和詹姆斯·麦克斯韦（1831—1879）各自理论的数学结构是完美无瑕的，而且基于他们理论的推测也已经受住了多年的实验检验，这是理论变成确定性的年代。

经典物理学家

"经典"的定义是什么？

"经典"在这里的意思是，那些 19 世纪晚期的物理学家是在牛顿的力学和麦克斯韦的电磁学这两种思想史上最成功的、对物理现象研究成果的综合性学术传统中被哺育出来的。

仅通过一个斜面和一个金属球，我就证明了伟大的亚里士多德的物理学观点是有问题的。

哦，你快别炫耀了吧。

自伽利略（1564—1642）开始，通过观察来验证理论成为好物理学的标志。他向我们展示了如何设计实验、进行测量，以及把测量结果与数学推测进行比较。

理论与实践相结合仍然是科学取得进展的最佳方式。

一切都已被证实（并且是经典的）……

18 世纪和 19 世纪，牛顿运动定律经受住了考验并且被可靠的实验所证实。

我的万有引力定律可以用来精确地预言行星的运动……

我于 1865 年在我的电磁波理论中预言了看不见的"光"波的存在。接着 1888 年，海因里希·赫兹（1857—1894）在他位于柏林的实验室中检测到了这种波的信号。现在，这种波被称为无线电波。

这些波就像光一样会发生反射和折射。麦克斯韦是对的。

难怪这些经典物理学家对他们的发现如此自信。

"填上小数点之后的第六位"

著名的开尔文（1824—1907）勋爵，这位来自格拉斯哥大学的经典物理学家曾说，在牛顿物理学的晴朗天空中仅仅飘着两朵乌云。

我怎么能知道它们中的一朵会随着相对论的出现而消失，而另一朵则会导致量子理论的出现呢？

1894 年 6 月，美国人阿尔伯特·迈克耳孙（1852—1931，1907 年获得诺贝尔物理学奖）用一句话对开尔文的观点进行了解释。他余生都在为此懊悔。

物理学未来的工作只剩下填上小数点之后的第六位了。（简直不敢相信这是我说过的话！）

经典物理学的基本假设

经典物理学家建立了一系列的假设，这些假设限制了他们的思想并使新思想很难被接受。下面是对他们关于物质世界信条的罗列：

1. 宇宙就像一台放置在绝对时空中的巨大机器。复杂运动可以被理解为机器内部各个部件的简单运动，尽管这些部件并不一定能够被我们看见。

2. 牛顿力学体系意味着所有的运动都有一个原因。如果一个物体在运动，我们总可以弄清楚是什么导致了这个运动。这就是因果律，没人会质疑这一点。

3. 如果物体在某一刻（比如现在）的运动状态是已知的，那么它在未来甚至过去任何一刻的运动状态就是确定的。没有什么是不确定的，它们仅是一些稍早原因的结果而已。这就是决定论。

4. 光的特性完全符合麦克斯韦的电磁波理论的描述，并通过托马斯·杨在 1802 年的一个简单双缝实验中观察到的干涉图案得到证实。

5. 有两种描述运动中的能量的物理模型：一种是粒子，由不可穿透的球体（比如一个台球）所表示；另外一种是波，它好比是海面涌向岸边的波浪。这两种物理模型是互相排斥的，即能量只能以其中一种方式存在。

6. 通过降低观察者检测的干扰强度，或者通过理论调整来消除测量对系统的影响，我们可以采用任何精度标准来测量系统的性质，比如它的温度或速度。即便对原子系统也不例外。

经典物理学家相信以上陈述都绝对正确。但最终这六个假设全都被证明是不可靠的。率先意识到这一点的是 1927 年 10 月 24 日在布鲁塞尔大都会酒店开会的那些物理学家。

1927 年的索尔维会议——量子理论成型

在第一次世界大战爆发前的几年，比利时实业家欧内斯特·索尔维（1838—1922）在布鲁塞尔发起并赞助了一个系列性的国际物理学会议（被称为索尔维会议）的第一届会议。参会者需要获得特别的邀请，他们——通常限于 30 人——汇聚一堂，专注于讨论一个预先设定好的科学主题。

1911—1927 年举行的前五届索尔维会议以最引人注目的方式记录了 20 世纪物理学的发展。1927 年的会议主题聚焦于量子理论，出席这次会议的有至少 9 位理论物理学家，他们都对量子理论做出了重要贡献。最终这 9 个人也因为这些贡献而分别获得了诺贝尔奖。

这张摄于 1927 年索尔维会议的照片是一个很好的解说起点,它囊括了现代物理学理论所有发展方向中最主要的参与者。未来几代人都将会为此惊叹,1927 年,这些量子物理领域的"巨人"不论在时间尺度上还是在地理位置上都曾如此接近。

在科学史上,几乎再没有哪个时期能在如此短的时间内,由如此少的人澄清如此多的问题。

看看前排坐在玛丽·居里(1867—1934)旁边、满眼忧郁的马克斯·普朗克(1858—1947),他手捏礼帽、指夹雪茄,显得毫无生气。多年来,普朗克一直试图否定自己关于物质和辐射的革命性思想,现在已经筋疲力尽。

在普朗克首次阐述了关于物质辐射（或吸收）能量新发现几年后的 1905 年，瑞士的一位年轻的专利审查员阿尔伯特·爱因斯坦（1879—1955）推广了普朗克的观点。

下图中，爱因斯坦坐在前排的中央，身着正装，腰杆笔直。自 1905 年初发表的论文开始，他已经对量子问题思考了 20 多年，但还没有获得真正的洞见。他一直在为量子理论的发展做出自己的贡献，并以不可思议的自信为其他人的原创观点背书。此时，距离他发表使其成为国际名人的伟大的著作——《广义相对论的基础》——已经过去了十年。

我证明了光总是以量子的形式存在，当然，这就是物质只能以量子的形式吸收或放出光的原因。可惜，普朗克从来没有相信过我！

在布鲁塞尔，爱因斯坦与量子理论学界最受尊敬也是最坚定的支持者——"伟大的丹麦人"尼尔斯·玻尔（1885—1962）就这个理论中最诡异的结论进行了辩论。玻尔将比任何人都更紧密地与解释并理解这个理论的努力联系在一起。在照片最右侧的中排，他显得放松而自信，这位时年 42 岁的教授正处在他人生权威的顶峰。

我在演讲中介绍了我对量子理论的概率解释。除了爱因斯坦，几乎所有人都对此表示满意。

由此，也开启了这两位 20 世纪物理学大师之间一场持续不断的争论，这场争论一直延续到 1955 年爱因斯坦去世。

在爱因斯坦身后的最后一排，欧文·薛定谔（1887—1961）穿着运动夹克，打着领结，显得特别放松。在隔着一个人的、他的左手侧是"少壮派"——沃尔夫冈·泡利（1900—1958）。泡利和身边的沃纳·海森堡（1901—1976）当时都还只有20多岁。在他们前面一排的是保罗·狄拉克（1902—1984）、路易斯·德布罗意（1892—1987）、马克斯·玻恩（1882—1970）和玻尔。今天，这些人因为他们的名字与微观世界的基本性质之间建立起了联系而不朽：薛定谔波动方程、泡利不相容原理、海森堡的不确定性原理、玻尔的原子理论……

他们都在这里了，从年龄最大的69岁的普朗克到最年轻的25岁的狄拉克，前者从1900年开始了对量子理论的研究，而后者在1928年构筑完成了量子理论。

在拍摄完这张照片后的第二天，1927 年 10 月 30 日，与会者带着脑海中玻尔和爱因斯坦历史性交锋的余音登上布鲁塞尔中央车站的火车，各自回到柏林、巴黎、剑桥、哥廷根、哥本哈根、维也纳和苏黎世等地。

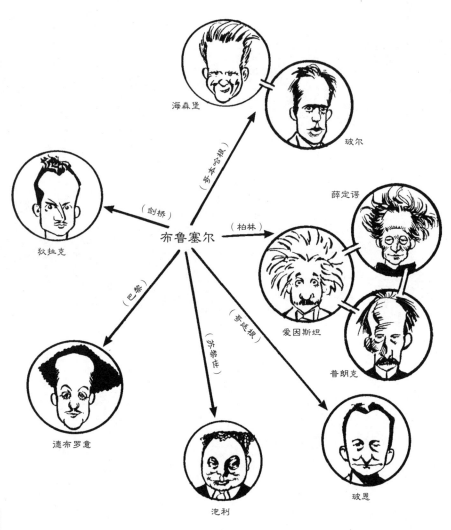

他们带着科学家创造的、最离奇的想法离开了布鲁塞尔。私下里，他们中的大多数人可能会更赞同爱因斯坦的观点，即这种被称为量子理论的疯狂的东西仅仅是通向更完整理论的一步，它将被更好的、与常识更相符的东西所替代。

但量子理论是如何产生的？是什么实验使得这些最谨慎的人忽视经典物理学的原则，并提出违反常识的关于自然的概念呢？

　　在探究这些实验的悖论之前，我们需要了解一些热力学和统计学的背景知识，这些是发展量子理论的关键。

什么是热力学?

　　这个词意味着热的运动，热总是从高温物体流向低温物体，直到两个物体的温度相同。这被称为热平衡。

　　热被正确地描述为一种振动的形式……

热力学第一定律

19世纪，基于机械模型的对热流的解释发展得很快，这要归功于一位成功地建造了实用型蒸汽机的苏格兰人——詹姆斯·瓦特。

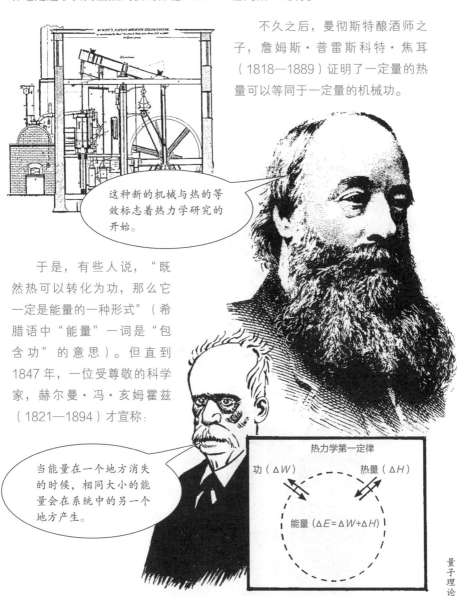

不久之后，曼彻斯特酿酒师之子，詹姆斯·普雷斯科特·焦耳（1818—1889）证明了一定量的热量可以等同于一定量的机械功。

> 这种新的机械与热的等效标志着热力学研究的开始。

于是，有些人说，"既然热可以转化为功，那么它一定是能量的一种形式"（希腊语中"能量"一词是"包含功"的意思）。但直到1847年，一位受尊敬的科学家，赫尔曼·冯·亥姆霍兹（1821—1894）才宣称：

> 当能量在一个地方消失的时候，相同大小的能量会在系统中的另一个地方产生。

热力学第一定律

功（ΔW）　　　　热量（ΔH）

能量（$\Delta E = \Delta W + \Delta H$）

这被称为能量守恒定律。直到今天，能量守恒仍然是现代物理学的基础，不受现代理论的影响。

鲁道夫·克劳修斯：两个定律

1850 年，德国物理学家鲁道夫·克劳修斯（1822—1888）发表了一篇论文，称能量守恒定律为热力学第一定律。与此同时，他宣称在热力学中还存在一个第二原理，系统的总能量总是在降低，即在热力学过程中总会有一些没用的热产生。

克劳修斯引入了一种被称为熵的新概念——它是根据从一个物体传递到另一个物体的热量来定义的。

我发现当热量从高温物体流向低温物体的时候，系统的总熵是增加的。

但是，由于我们总是观察到热量从高温物体流向低温物体，我现在就得到了热力学第二定律。

孤立系统的熵总是增加的，它在热平衡的时候达到最大值，此时系统中所有物体的温度相同。

原子的存在

原子是物质的基本组成部分。

古希腊哲学家德谟克利特（公元前 460—前 370）首先提出了原子（希腊语中为"不可再分"的意思）的概念。

这个想法受到了亚里士多德的质疑，并在此后的几百年里一直饱受争议，直到 1806 年英国化学家约翰·道尔顿（1766—1844）用原子概念预言了元素和化合物的化学性质。

但还要再过一个世纪，通过爱因斯坦的理论计算和法国人让·佩林（1870—1942）的实验才能说服那些怀疑者接受原子存在的事实。

不过，在 19 世纪，即便没有原子存在的物理证据，很多理论家仍在使用这个概念。

给双原子分子取平均

  1859 年，苏格兰物理学家麦克斯韦，一位坚定的原子论者，提出了他的气体分子运动论。

我把气体描述为数以万亿计的快速随机运动的分子，它们之间相互碰撞并且也和容器的器壁发生碰撞。

砂子

砂子晶体是由数以万亿个原子构成的。

水分子（H_2O）

水分子是由三个原子构成的。

气体分子

H_2、O_2 或 N_2 是分别由两个原子构成的气体分子。

DNA

DNA 分子是由数百个原子构成的。

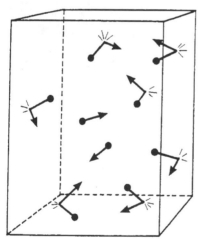

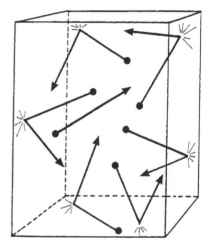

  如果我们接受加热会让分子运动得更快并且更频繁地撞击容器壁的概念的话，那么这就与气体的物理性质一致。

  麦克斯韦的理论基于统计平均值，它通过计算微观模型中气体分子集合的统计平均值来预言气体的宏观属性（即那些可以在实验室里测量的性质）。

麦克斯韦做了四个假设：

分子就像硬球，同时分子的直径远小于分子之间的距离。

分子间的碰撞满足能量守恒。

分子在两次碰撞之间不发生相互作用并以恒定的速度沿直线运动。

分子的位置和速度最初是随机的。

这最后一个假设是最不寻常和革命性的，显示了麦克斯韦强大的物理洞察力。

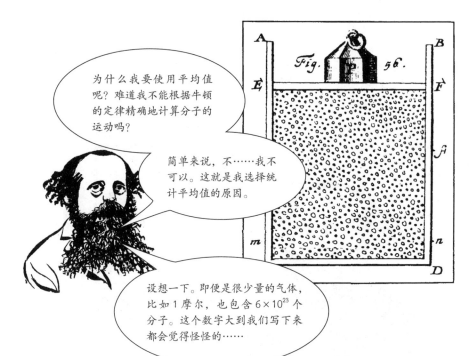

为什么我要使用平均值呢？难道我不能根据牛顿的定律精确地计算分子的运动吗？

简单来说，不……我不可以。这就是我选择统计平均值的原因。

设想一下。即便是很少量的气体，比如1摩尔，也包含$6×10^{23}$个分子。这个数字大到我们写下来都会觉得怪怪的……

(600 000 000 000 000 000 000 000 000)

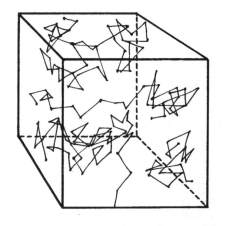

佩林观察到的随机运动

试图一个一个地计算这么多分子的运动是不可能的。但麦克斯韦基于牛顿力学的分析表明，温度是微观上分子速度平方的平均的量度，即分子速度自己乘以自己的平均值。

因此，热是物质微粒永不停歇的无规则运动导致的。

麦克斯韦理论真正的重要之处在于，人们基于他的模型能够预言分子可能的速度分布。换句话说，这给出了速度的范围，即整个集合是如何偏离平均值的。

假设气体粒子在空间中匀速运动，它们之间是相互独立的并且没有运动方向的倾向性，那我就可以计算出任意分子具有特定速度的概率。

这就是今天物理学中著名的麦克斯韦分布。尽管单个分子的运动永远无法计算，它仍然提供了数以万亿计分子的有用信息。这就是当严格计算在实际中不可能的时候概率的作用。

分子数

100K

400K

1 600K

0 1 2 3 4 5 6 7 8

分子速率（任意单位）

路德维希·玻尔兹曼和统计力学

19 世纪 70 年代，路德维希·玻尔兹曼（1844—1906）在麦克斯韦分子运动论的启发下做了如下理论断言。

- 他提出了一种被称为正态分布的一般性概率分布，它可以应用于任何一组具有运动自由度、彼此相互独立并随机地发生相互作用的实体。

- 他提出了能量均分定理。

  这意味着如果系统达到了热平衡，能量将在所有的自由度之间平均分配。

- 他对热力学第二定律做出了新的解释。

当系统中的能量退化的时候（正如克劳修斯在 1850 年所说的那样），系统中的原子将变得更加无序并且熵会增加。但就此我们可以提出对无序的度量。它是特定系统出现的概率，可以定义为系统从其原子的集合实现自己方式的数目。

冰（固态）

水（液态）

熵可以更精确地表示为：

$$S = k \log W \ldots$$

蒸汽（气态）

这里 k 是常数（现在被称为玻尔兹曼常数），W 是原子按特定方式排列的概率。这项工作使玻尔兹曼成为统计力学的创始人。统计力学是通过对物体微观组成部分的统计行为的研究来预言其宏观性质的方法。

热平衡与涨落

我认为系统将在热扰动或机械振动的影响下由概率较小的态演化为概率较大的态，直到热平衡。在平衡态的时候，系统将处在概率最大的态，此时熵达到最大。

计算数以万亿计粒子的运动是不可能的。但概率方法可以提供关于概率最大状态的直接答案。

我还引入了有争议的涨落概念。

系统内所有分子在某一时刻出现在气体容器内一个角落里的微小概率是存在的。如果熵的概率解释成立的话，这个可能性就必须存在。这叫作统计涨落（原文为"energy fluctuation"，即能量涨落，根据上下文意修改。——译者注）。

这些新思想，利用微观系统的概率和统计来预言实验室里可以测量的宏观性质（如温度、压强等），所有这些都成为发展量子理论的基础。

量子物理对经典物理的三十年战争（1900—1930）

现在让我们看一看前量子时代的三个关键实验，这些实验都无法直接用经典物理理论进行解释。

黑体辐射和紫外灾难

（普朗克的量子）

光电效应

（爱因斯坦的光子）

光谱中的亮线

（玻尔的原子）

这三个实验都和辐射与物质的相互作用有关，由可以信赖的实验科学家完成。这些测量是精确可重复的，结论却是"荒谬"的……这种情形是一个好的理论物理学家宁肯去死也不愿面对的。

我们将分别仔细描述每个实验，指出其中包含的危机及分别由马克斯·普朗克、阿尔伯特·爱因斯坦和尼尔斯·玻尔提出的解决方案。通过这些解决方案，这些科学家为对自然的新理解做出了第一波基本贡献。今天，这三个人的工作构成了一个整体，并在1913年玻尔的原子模型中达到了顶峰，它们被统称为旧量子论。

黑体辐射

热的物体向外发射出电磁波，即辐射是由不同频率的光构成的。

在一个热的封闭空腔上开一个小孔，我们发现通过小孔出射的辐射强度的大小强烈地依赖于辐射频率的取值。

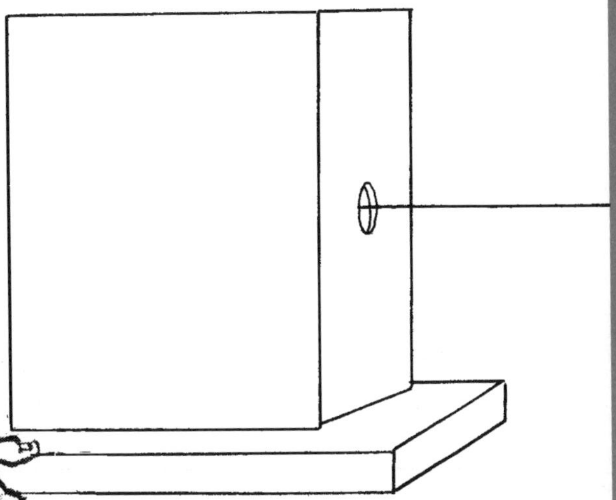

下图是 19 世纪末测量的辐射强度分布，随着温度的升高，分布中主要成分的频率会向高频端移动。

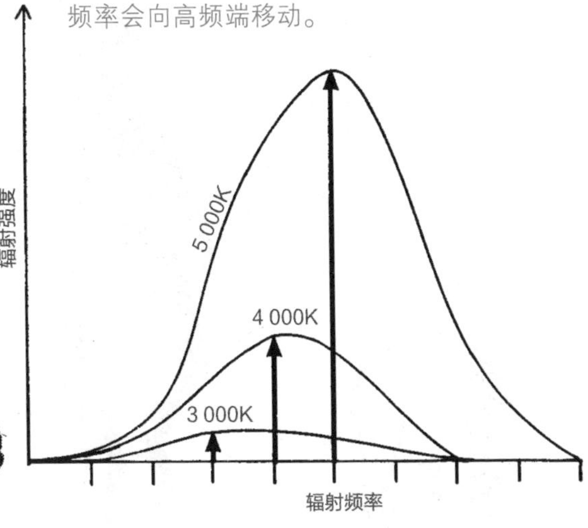

5 000K

4 000K

3 000K

辐射强度

辐射频率

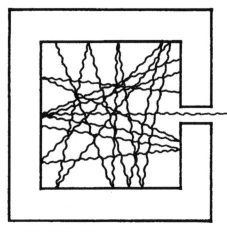

一"箱"（空腔）辐射

黑体是指能够完全吸收照射到它表面的电磁辐射的物体。一旦电磁辐射照在小孔上，辐射就会进入空腔，并在空腔内部被腔壁不断吸收和再发射。这样，只有腔壁发射出的辐射，而没有反射的辐射通过小孔出射，因此小孔就是黑体。

当空腔温度不高的时候，辐射存在但我们无法通过肉眼看到它。随着空腔的温度越来越高，频率逐渐移动到可见光区域，此时小孔看起来是红色的，就好像电磁炉里的加热环一样。

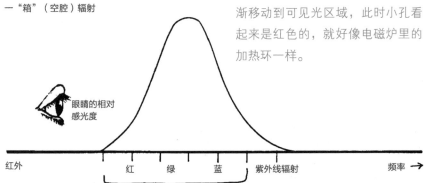

眼睛的相对感光度

红外　　　红　绿　蓝　　紫外线辐射　　　　频率 →

白色（从红到蓝都存在的时候）

在热平衡条件下，辐射仅仅取决于温度。比如在大约 800 ℃的时候，无论在空腔里的是煤、玻璃，还是金属，看到的都是统一的红色。

这就是早期陶工确定窑内温度的方法。

早在 1792 年，著名的陶瓷工匠约书亚·韦奇伍德就已经注意到窑内所有的物体在相同温度下都会变成红色。

陶工指南

550 ℃，暗红色

750 ℃，樱桃红色

900 ℃，橙色

1 000 ℃，黄色

1 200 ℃，白色

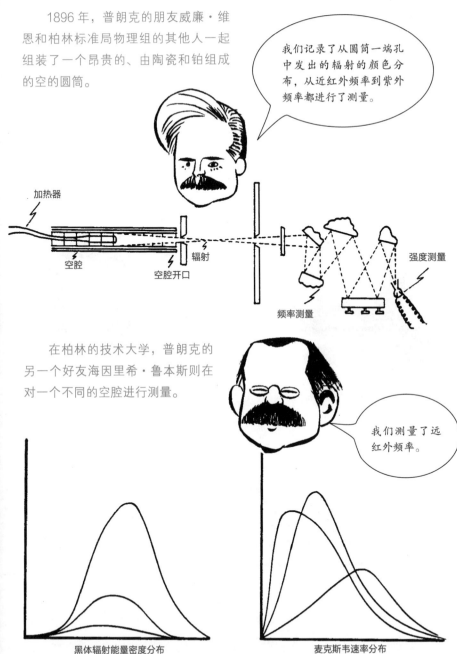

1896 年，普朗克的朋友威廉·维恩和柏林标准局物理组的其他人一起组装了一个昂贵的、由陶瓷和铂组成的空的圆筒。

我们记录了从圆筒一端孔中发出的辐射的颜色分布，从近红外频率到紫外频率都进行了测量。

加热器

空腔　　辐射　　空腔开口　　频率测量　　强度测量

在柏林的技术大学，普朗克的另一个好友海因里希·鲁本斯则在对一个不同的空腔进行测量。

我们测量了远红外频率。

黑体辐射能量密度分布　　麦克斯韦速率分布

这些辐射曲线——19 世纪 90 年代后期理论物理学的核心问题之一——被证明与麦克斯韦计算出来的密闭容器中热气体分子的速率分布（即能量分布）很相似。

自相矛盾的结果

这个黑体辐射问题是否可以像麦克斯韦理想气体一样进行研究……被反弹回来的电磁波（而非气体分子）是否也与封闭容器的器壁处在热平衡？

在一些可疑的理论假设的基础上，维恩得到了一个公式，这个公式能够与已经发表的实验结果很好地吻合，但仅限于频谱的高频部分。

英国的经典物理学家瑞利勋爵（1842—1919）和詹姆斯·金斯爵士（1877—1946）利用了与麦克斯韦在研究气体运动论时相同的理论假设。

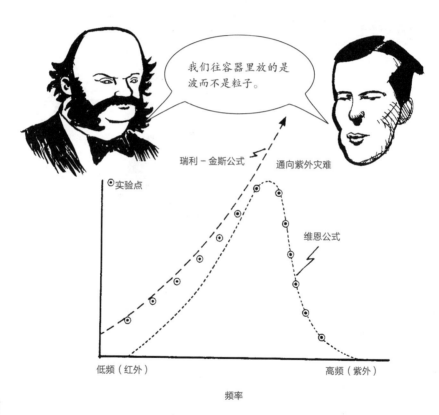

我们往容器里放的是波而不是粒子。

瑞利－金斯公式　通向紫外灾难

⊙实验点

维恩公式

低频（红外）　　　　　　　　　高频（紫外）

频率

瑞利和金斯得出的公式与实验的低频部分的情况非常吻合，但在高频部分却无法吻合。经典物理理论预言在紫外及频率更高的区域，频谱的强度将如上图所示趋于无穷大。这就是著名的紫外灾难。

这个实验结果到底意味着什么呢？

错误是什么？

瑞利和金斯的结论肯定是错的，否则当我们注视空腔的时候（或当韦奇伍德看他的窑的时候）……

> 我的眼球将立即被烧掉。

> 紫外灾难对经典物理学家来说是一个严重的悖论。

> 假如瑞利和金斯是正确的，那么我们甚至没法安全地坐在壁炉的前面。

假如经典物理学家是正确的，木柴燃烧所发出的浪漫光辉将在瞬间变成致命的辐射。我们必须拯救这个世界！

紫外灾难

每个人都同意瑞利和金斯的方法是严谨的，所以有必要看一看他们做了些什么以及实验结果为什么与事实不符。

我们对波使用了统计物理方法，就好像麦克斯韦对气体粒子使用了能量均分定理，即我们假设辐射的所有能量在所有可能的振动频率中平均分布。

但对波来说，有一点很不相同。波振动模式的数目是没有上限的。

……因为很容易在容器里放进越来越高频率的振动（即波长越来越短）。

因此，理论允许的辐射数目就是无限的，而且随着温度的升高、频率的增大，这个数目还会越变越大。

增加频率

1/2 波长

1 个波长

3/2 波长

2 个波长

难怪这被称为紫外灾难呢。

普朗克登场

普朗克的故事始于柏林威廉皇帝研究所的物理系，就在 20 世纪到来之前。

我反复看到来自我的朋友的关于黑体辐射的可靠的实验数据，它们无法被任何已有的理论解释。

普朗克是普鲁士学院一名非常保守的会员，他深受经典物理学传统方法的影响并且是热力学的坚定支持者。实际上，自1879 年（这一年爱因斯坦出生了）他的博士论文开始一直到他在柏林担任教授的二十年间，他的全部工作几乎都和热力学定律有关。他相信热力学第二定律，包括熵，比大家已经认识到的还要深刻而且丰富。

普朗克被黑体问题中绝对和普遍的特点吸引。合理的论证表明，在热平衡时，辐射强度与频率关系的曲线和空腔的尺寸以及形状无关，也与腔壁的材料无关。辐射公式应当只包含温度、辐射频率以及一个或多个普适常数，这些常数对所有空腔以及颜色都是适用的。

　　找到这个公式意味着发现了一个具有重要理论意义的关系。

这个辐射公式，一旦被发现，将与具体的物体和材质无关，并将在所有时代和文化中产生重要影响……

甚至对非地球以及非人类的时代和文化也是如此。

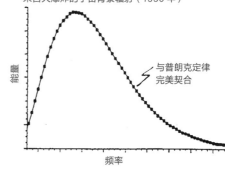

来自大爆炸的宇宙背景辐射（1990 年）

与普朗克定律完美契合

能量

频率

　　历史已经证明普朗克的洞见甚至比他想象的还要意义深远。1990年，科学家利用宇宙背景探索者（COBE）卫星测量了来自宇宙边缘（即大爆炸遗留下来）的背景辐射，并且发现可以用黑体辐射定律完美地描述。

物质的前原子模型

普朗克知道他的朋友们——海因里希·鲁本斯和费迪南德·库尔鲍姆的测量是非常可靠的。

> 对我来说，把我的全部精力用于空腔辐射的理论计算变得非常重要。

实验空腔

空腔腔壁上的普朗克振子

热　　　　　　　　更热

普朗克首先引入空腔壁上电振子集合的概念，它们在热扰动下来回振荡。（注意：在普朗克的时代，人们对原子还一无所知。）

普朗克假设所有可能的频率都存在。他还预期平均频率会在高温的时候增加，即对腔壁的加热会使振子的振动加快，直到与腔内的辐射达到热平衡。

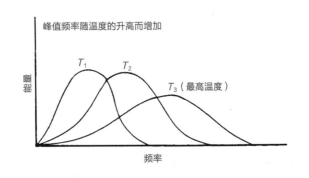

峰值频率随温度的升高而增加

T_1　T_2　T_3（最高温度）

能量

频率

电磁理论可以告诉我们关于辐射在发射、吸收和传播时的一切，但无法说明在平衡时能量的分布。这是一个热力学问题。

普朗克做了一些假设，将振子的平均能量与其熵联系起来，得到了他希望的与实验结果一致的辐射强度公式。

最初，我只是想找到一个对我朋友维恩所推出的公式的证明，当时每个人都认为维恩的公式是正确的。

但最近的实验开始质疑维恩公式在红外或低频区域的正确性。理论与实验的差别超过了正常允许的实验误差。

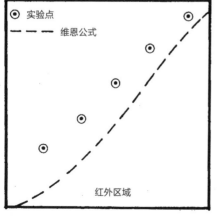

⊙ 实验点

- - - 维恩公式

红外区域

普朗克试图通过推广它来改变他对辐射熵的表示，并最终得出了整个频率范围内辐射强度的新公式。

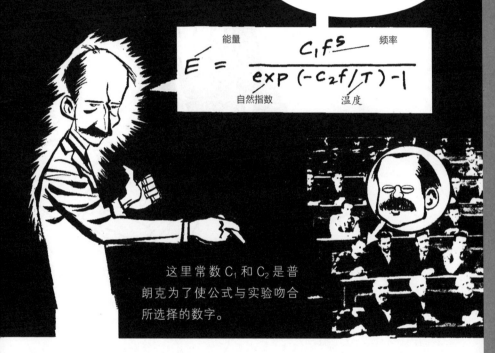

它是对的！

如果它和实验数据完美吻合，我将在 1900 年 10 月 19 日柏林大学的物理研讨会上和大家交流这个公式。

事实上，我对如何解释这个公式并没有太大把握。

$$E = \frac{c_1 f^5}{\exp(-c_2 f/T) - 1}$$

能量   频率

自然指数   温度

这里常数 c_1 和 c_2 是普朗克为了使公式与实验吻合所选择的数字。

海因里希·鲁本斯参加了这次历史性的研讨会。他立刻赶回家，把他的测量结果与普朗克的公式进行比较。经过一个晚上的工作，他发现他的数据与普朗克的公式完美吻合。第二天一早，他就把这个消息告诉了普朗克。

普朗克找到了辐射定律的正确公式。那么现在他能用这个公式来发现其中包含的物理含义吗？

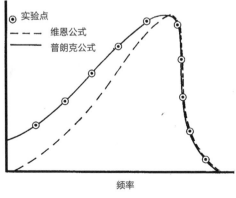

⊙ 实验点
- - - 维恩公式
—— 普朗克公式

频率

普朗克的困境

……自从写下辐射公式的那一天起，我就开始努力思考它真正的物理含义是什么。

在尝试过热力学定律的每一种传统经典方法后，我非常绝望。

来嘛，马克斯，不要那么固执，这值得一试。

玻尔兹曼利用概率表示的第二定律的统计力学版本成了普朗克唯一的选择。但他拒绝了玻尔兹曼方法的内在假设，这个假设允许在涨落发生的瞬间违背第二定律。

我不得不考虑玻尔兹曼提出的熵与概率之间的关系。经过我生命中最紧张的几周工作后，一道曙光开始出现在我面前……

这道曙光是：

$$S=k \mathrm{Log} W$$

（玻尔兹曼版本的热力学第二定律）

普朗克在 1900 年前写的 40 多篇论文中没使用过一次，甚至也没提到过玻尔兹曼对第二定律的统计力学表述！

切分能量

普朗克应用了如下三条玻尔兹曼关于熵的研究成果：

1. 他的计算熵的统计力学方程。
2. 他的关于平衡态时熵必定处于极大值（即完全的无序）的条件。
3. 他在熵方程中确定概率 W 的计算技巧。

为了计算处于不同排列下的概率，普朗克遵循了玻尔兹曼的把振子能量切分为任意小但有限的方法。这样，总能量就可以写为 $E=ne$ 的形式，这里 n 是整数，而 e 是个任意小的能量。和数学过程一致，当切块数量趋于无穷的时候，e 将最终变为无穷小。

一个量子的能量

找到了！普朗克偶然发现了一种数学方法，最终为他的实验辐射定律提供了一些理论基础——但前提是能量是不连续的。

尽管他没有任何理由提出这样的观点，但他只能暂时接受，因为他没有更好的办法。因此，他被迫假设 $e=hf$ 这个量必须是有限的，而 h 不能是零。

因此，如果这是正确的，就必须得出结论，振子不能连续地吸收和发射能量。它必须以 $e=hf$ 为最小不可分割的单位不连续地获得和失去能量，普朗克称这个单位为"能量量子"。

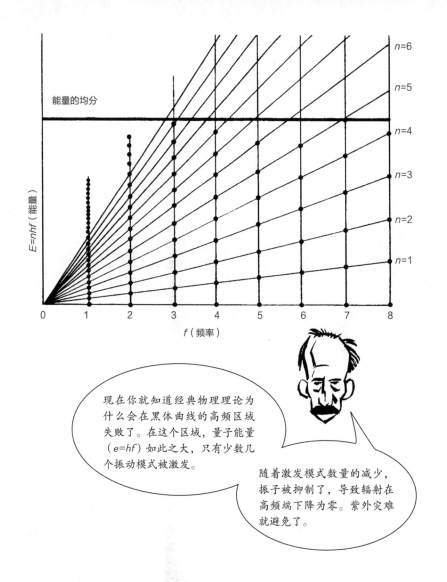

现在你就知道经典物理理论为什么会在黑体曲线的高频区域失败了。在这个区域，量子能量（$e=hf$）如此之大，只有少数几个振动模式被激发。

随着激发模式数量的减少，振子被抑制了，导致辐射在高频端下降为零。紫外灾难就避免了。

普朗克的量子关系阻止了能量的均分，并非所有的振动模式都具有相同的总能量。想想看吧，这就是为什么我们不会被一杯咖啡"晒"伤的原因。

瑞利和金斯的经典公式在低频区域表现得不错，那里所有可能的振动模式都可以被激发。在高频区域，尽管有更多的振动模式（回忆一下我们往盒子里面塞各种波长的波，波长短的波总是更容易被塞进盒子），但很多并没有被激发，因为在高频激发一个量子所需的能量太高了。

1900 年 12 月 14 日早晨，普朗克在散步的时候告诉他的儿子，他可能已经完成了一项与牛顿的工作同样重要的工作。同一天晚些时候，他向柏林物理学会报告了他的成果，这标志着量子物理学的诞生。

他花了不到两个月的时间就找到了对自己的黑体辐射公式的解释。讽刺的是，这一发现是偶然的，由不完整的数学过程构建起来。这对物理学史上最伟大的革命来说是个不大光彩的开始！

以此为起点，下面我们将会解释为什么对原子来说必须使用统计法则、为什么原子不能一直发光，以及为什么原子中的电子不会沿螺旋轨迹落在原子核上。

1901 年年初，一个今天被称为普朗克常数的 h 被第一次刊印出来，这个数非常小：

$$h=0.000\ 000\ 000\ 000\ 000\ 000\ 000\ 000\ 000\ 006\ 626$$

……但它不是零！否则的话，我们将永远无法安坐在火炉前。事实上，整个宇宙也将变得不同。感谢在生命中有这样小的一个数。

令人惊讶的是，尽管黑体公式是重要的而且是革命性的，但它在 20 世纪初并没有引起太多关注。更加令人惊讶的是，甚至普朗克本人对它的正确性也没有把握。

我对玻尔兹曼熵定律的普遍性持怀疑态度，以至于我花了数年时间试图用一种不那么革命的方式来解释我的结果。

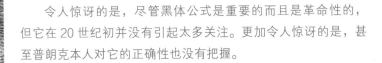

尽管如此，
量子理论已经诞生了。

现在我们来讲述第二个无法用经典物理学解释的实验。它更简单，但启迪了一个更深刻的解释。

光电效应

当马克斯·普朗克正在努力解决黑体问题的时候，另一位德国物理学家菲利普·勒纳德（1862—1947）正在努力把一束阴极射线（很快被确证为电子）聚焦于薄的金属箔上。

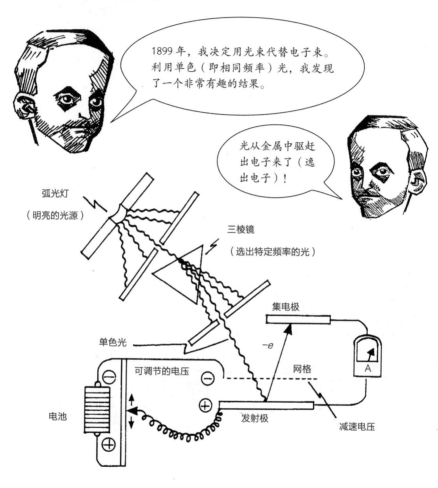

1899 年，我决定用光束代替电子束。利用单色（即相同频率）光，我发现了一个非常有趣的结果。

光从金属中驱赶出电子来了（逸出电子）！

弧光灯
（明亮的光源）

三棱镜
（选出特定频率的光）

单色光

集电极

$-e$

可调节的电压

网格

A

电池

发射极

减速电压

尽管这个效应在十年前就已经被海因里希·赫兹观察到过，但勒纳德现在能通过一个简单的电路来测量这些光电子的某些性质。

这些逸出的电子是由被称为发射极的、被照亮的金属板发出的，它们由另一个被称为集电极的金属板收集。总的光电流由灵敏的电流计 A 测量。发射极与集电极之间的电势或电压可以调节，并且对测量出的电流有很强的影响。

当我们施加减速电压的时候，集电极相对于发射极而言是负的电压，电流强度会急剧地下降（电子带负电将被具有负电压的电极排斥）。对特定减速电压，如图所示的 V_0，光电流将彻底消失。

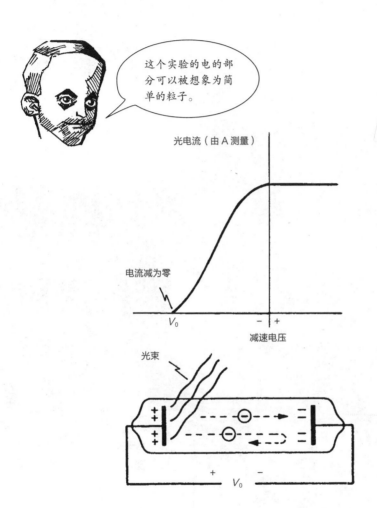

这个实验的电的部分可以被想象为简单的粒子。

光电流（由 A 测量）

电流减为零

V_0

减速电压

光束

$+$ V_0 $-$

逸出的电子以特定的动能离开靶金属板，并在它们由发射极飞向集电极的过程中，因对抗负的减速电压而连续地丧失能量。

被集电极收集的电子对测量电流有贡献，它们（在从发射极出射的时候）将至少具有能量 qV_0（q 是电子的电荷）。这就是众所周知的电子在电压作用下能量的表达式。

经典解释

　　一个直接的解释是，发射出的电子肯定是从照射在金属表面的光束中获得的动能。

　　经典物理学家假设光波像海浪一样拍打在金属的表面，而电子则像躺在沙滩上的石子。显然，光照越强烈（即越亮）将为电子提供更多的能量。

> 但我发现并不是这么回事。1902 年，我发现电子能量——正如减速电势法所测量的——完全独立于光的强度。

　　进一步的实验揭示了另一个无法解释的效应。无论光束多亮，都存在一个阈值频率，低于该阈值频率将不会有光电子射出。这确实非常奇怪。对经典物理学家来说这是个真正的麻烦。

爱因斯坦登场

这一次，问题不是被知名的、受人尊敬的大学教授解决的，解决问题的是一位来自瑞士伯尔尼专利局的年轻职员。

1905 年，年仅 26 岁的爱因斯坦在《物理学年鉴》的一卷中发表了三篇论文。

诺贝尔奖

第一篇是关于光子的论文，就是我们正在讨论的工作；第二篇论文开创性地证明了原子的存在；而第三篇论文引入了相对论，解决了在电动力学和运动中存在的严重问题。

爱因斯坦熟悉光电效应这个实验难题，并且了解普朗克的工作和他的辐射定律。但他的方法完全是个人的、基于他自己的统计物理方法和玻尔兹曼对粒子集合的熵的表示。

伯尔尼杂货街 49 号的一间小公寓

爱因斯坦和他的妻子米列娃（一位受过高等教育的工程师）及他们年幼的儿子汉斯·阿尔伯特……

亲爱的米列娃，我要告诉你我最新的计算结果。我认为这可能是非常深刻的。首先，你还记得玻尔兹曼那个重要的定律吧，就是用概率表示的一个粒子系统的熵，$S = k\mathrm{Log}W$……

$$S = k\mathrm{Log}W...$$

哦，是的，就是这个方程，普朗克讨厌它，但又不得不用它解决黑体问题。

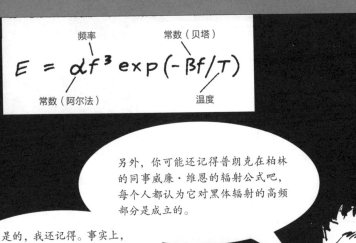

$$E = \alpha f^3 \exp(-\beta f/T)$$

频率 — f
常数（贝塔）— β
常数（阿尔法）— α
温度 — T

另外，你可能还记得普朗克在柏林的同事威廉·维恩的辐射公式吧，每个人都认为它对黑体辐射的高频部分是成立的。

是的，我还记得。事实上，难道我们不能从普朗克的辐射公式出发在高频极限下推出维恩公式吗？

很好，米列娃。

但我不想用普朗克的理论公式。

我宁愿把自己的工作建立在维恩的经验定律基础上，我们知道这些定律与高频实验结果吻合得很好。我这次将使用唯象方法，而非严格的理论方法。

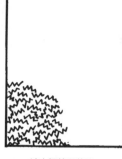

粒子占据的子体积   波占据的子体积

我使用了我最近发展的涨落的方法计算了当一个系统突然被压缩到总体积的一个小的子体积时的熵的改变。

利用维恩公式，可以很容易计算出当体积被压缩为一个小的子体积时，单色（即单频）辐射熵的减少。请注意，亲爱的，这个熵的减少与压缩理想气体体积时熵的减少很类似。

但是，我亲爱的米列娃，这里我并没有对粒子的结构或运动定律做任何假设。这里我只使用了熵的公式：$S = k\text{Log}W$，它来自玻尔兹曼版本的热力学第二定律。辐射的结果与压缩气体的结果非常相似，所以我可以认为这两个指数相等，并得到一个简单的答案……

$$E = nk\beta f$$

因此，我的假设是……在维恩定律的有效（即高频）区域内，辐射在热力学上就好像是由一系列相互独立、大小为 $k\beta f$ 的能量量子组成的。换句话说，就像光的粒子一样。

还有一个问题，阿尔伯特。我注意到你从维恩定律得到的答案里有个常数 β。但普朗克不是证明可以把 β 表示为他自己的常数 h 和玻尔兹曼常数 k 的形式吗？

是的。但我不希望在我的论文里包含普朗克辐射定律的任何结论，因为我对它的结果并没有把握。这里我建议将所有光的辐射量子化。

而普朗克仅仅考虑了空腔腔壁上的振子。

如果你把维恩的 β 消掉会怎样？

好吧……鉴于 $\beta = h/k$，所以：$E = nhf$。

如果我这样做了，我将得到一个辐射能量的等式，它等于粒子数乘以 hf，这清楚地表明 hf 就是辐射的量子。

这意味着所有的光和电磁辐射都以能量 hf 为整体进行传播。这是一个比普朗克设想的更普遍适用的法则！

你是否认为《物理学年鉴》会发表这篇论文？虽然它不能确切地证明任何事情，但我认为它对推进未来的工作有帮助。
为什么不直接在论文题目中使用启发这个词呢？这意味着它不是一个严格的解，但提示着未来的发展。
这样你就可以发表论文并假装你并没有彻底认真地对待它，而只是提出它以供进一步的研究。

这是个好主意，亲爱的。当你帮助我工作的时候，我感到非常高兴。让我们来看看……这个标题怎么样？
关于光的本质的一个启发性观点。
听起来不错！

爱因斯坦对光电效应的解释

爱因斯坦 1905 年的论文表明，一旦入射辐射被理解为粒子或光子的集合，就可以很容易地解释光电效应中令人疑惑的特征。如果光子可以将它的能量转移到靶金属中的电子上，一个完整并且简单的图像就出现了。下面让我们看看这是如何成为可能的……

假设入射光由大小为 hf 的能量量子（光子）组成，我们可以这样设想光子发射电子的过程。能量量子穿透靶电极的金属表面。它们的能量至少部分地被转移到电子的动能中，其中部分电子从金属中发射了出来。

想象这个过程的最简单方法是假设光子将其全部能量（hf）都传递给电子，然后电子在从金属内部到达金属表面的过程中会损失一些能量。

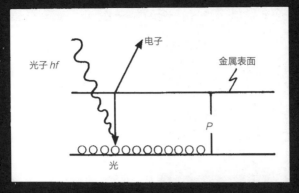

在从金属内部出射之前，每个电子都必须做功（P），这标志着自由空间和金属之间的势能差。那些位于金属表面的电子在离开金属的时候将具有最大的速率，因为它们只需要做最少的功就可以获得自由。电子的动能将是……

动能等于 hf（入射光子能量）减去 P（电子逃脱金属所需的功）。

如果金属板必须施加减速电压 V_0 才能抵消电子的动能并使电流为零的话（即阻止最大出射动能的电子），这意味着：

$$qV_0 = hf - P$$

这里 q 表示电子的电荷。

由此爱因斯坦得到了一个非常简单的光电子方程，并且可以通过实验进行验证。此外，由于每次相互作用都导致相同的光子－电子能量转移，因此电子的能量与光强的变化无关这一实验结果得到了非常简单的解释。光的强度和光子的数目有关，因此它会影响电流的大小，但不会改变截断电压 V_0，因为 V_0 是由入射光的频率决定的。

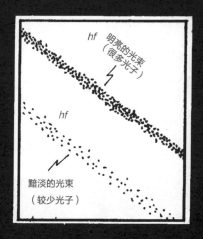

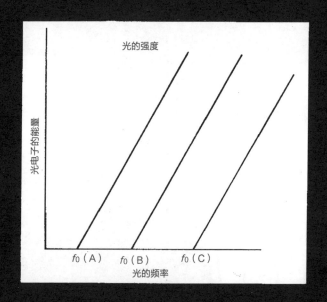

显然，以上论证和简单方程的结果是，最大减速电压 V_0 是入射光频率的线性函数。按照物理学的悠久传统，如果这个线性关系（直线）能够得到验证的话，这将是爱因斯坦光子概念的关键证据。这个实验将必须对几个不同频率的光测量 V_0（截止电压），然后对它们作图以检验其是否在一条直线上。

密立根：坚定的经典物理学家

1912—1917 年，在芝加哥大学瑞尔森实验室工作的罗伯特·A.密立根（1868—1953）着手对爱因斯坦方程的线性关系进行检验。他用几种不同的金属，包括极易发生反应的钠作为靶，并用不同频率的光照射它们。

密立根的实验技术无可挑剔，他甚至在真空中刮削金属表面以去除可能影响结果的氧化层。但实验结果都是线性的……这让他非常失望。

Vo 与 f（频率）的关系被反复证明遵从爱因斯坦理论所要求的线性关系。我简直无法相信！

我花了 10 年时间试图反驳爱因斯坦对光电效应的解释，我认为爱因斯坦的理论是对经典的光波动理论的攻击。

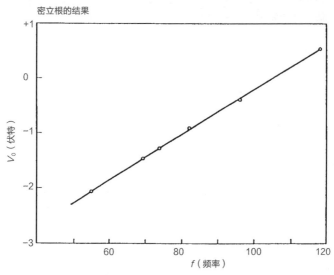

密立根的结果

然而，密立根无比精确的数据只是证明了数据间近乎完美的线性关系，这无疑为爱因斯坦的解释提供了更有力的证据。实际上，密立根的工作最终使他自己获得了诺贝尔奖。

与我的所有期望相反，尽管不合理，我还是不得不承认这是一个不容置疑的实验证据。

提出这个假设仅仅因为它能提供一个方便的对光电效应事实的解释，即出射电子的能量与光的强度无关……但与频率有关。按照我的理解，爱因斯坦本人其实也不接受它。

这种失落的情绪是20世纪第二个十年中物理学家的典型情绪。显然，预言辐射是量子化的，对普朗克和爱因斯坦来说并不是一个巨大的胜利。

实际上，在这个时期我们的工作完全被忽略了！

在 20 世纪初期，有很多轰动的科学发现，贝克勒尔和居里夫妇在法国发现了发射性元素，与此同时，伦琴在德国展示了神奇的 X 射线。这些发现把物理学家的注意力从光辐射问题上吸引开了。

伦琴

贝克勒尔

居里

与此同时，普朗克本人不仅拒绝了爱因斯坦，而且也拒绝了他自己在光子方面的革命性工作。

然而，他对爱因斯坦的相对论印象深刻，并写信推荐爱因斯坦成为普鲁士科学院的院士，但他不承认爱因斯坦的光子……

尽管有时他可能在他的推测中犯错误，比如在他的光子假说中，但这不是真的反对他的理由。因为有时人们必须冒险才能在最精确的科学中引入根本性的新思想。

光谱中的亮线

我们现在可以讲第三个经典物理学家无法解释的实验了，这就是光谱中的亮线。请记住以下实验：

黑体辐射（由普朗克解释）
光电效应（由爱因斯坦解释）
光谱亮线（由玻尔解释）

在长达 150 年的时期内，欧洲的物理实验室里积累了大量对气体发光的精确测量数据。很多人相信这里包含了原子的秘密，但如何破译如此庞大的信息并在混沌中创造出秩序，成为摆在物理学家面前的挑战。对气体发光的研究始于 1752 年，当时苏格兰物理学家托马斯·梅尔维尔把火焰放进装有不同气体的容器里并研究火焰发出的光。

梅尔维尔得出了一个非常了不起的发现。他发现，通过三棱镜观察到的炽热气体呈现的光谱与常见的发光固体呈现的彩虹状光谱完全不同。

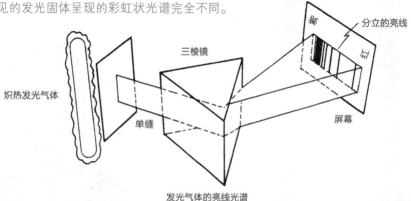

发光气体的亮线光谱

发射光谱

当光通过一个狭窄的缝隙，可以发现炽热气体的光谱由不同的亮线组成，每条亮线都具有相应光谱位置所具有的颜色。不同的气体具有不同的图案。

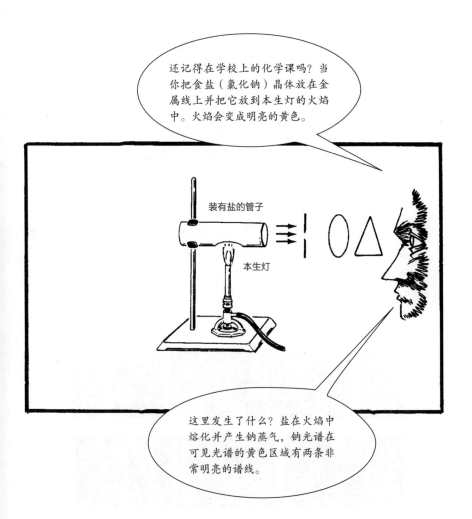

眼睛的整合功能使我们（和其他动物）看不到这些分立的线，它使不同的颜色整合在一起，这样我们就只能看到一种混合的效果（例如氖气发出的红光、氮气发出的淡蓝色光等）。对钠来说，眼睛会混合两条黄线使得火焰看起来像是燃烧的水仙花瓣。

当使用被称为光谱仪的敏锐仪器拍摄时，水银蒸气（由液体气化）和氮气会发出锐利并且容易辨别的亮线光谱。

实际上，元素的光谱是如此不同，测量是如此精确，以至于世界上没有两个元素具有完全相同的谱线集合。这样，光谱就可用于发现未知气体，就像我们在太阳光谱中发现氦气一样。但在描述这个惊人的发现之前，我们先来介绍什么是光谱中的暗线。

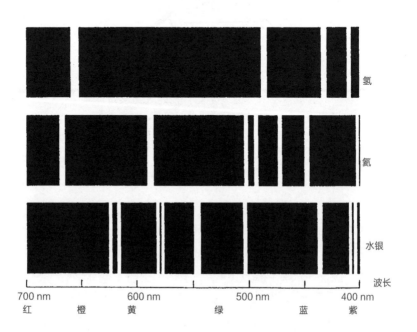

吸收光谱（暗线）

以下三个图展示了如何观察两种不同类型的光谱。

1. 炽热的固体（比如灯泡中的高温灯丝）发射出"白光"辐射，这里面包含了所有的频率，它穿过狭缝照到三棱镜上。此时在屏幕上会出现一个连续的光谱（类似彩虹）。

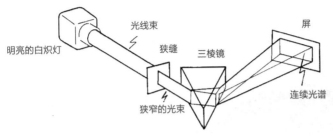

2. 使用相同的实验装置，但用炽热的气体代替炽热的固体作为光源。现在屏上出现了一系列亮线光谱，并且每条亮线的形状都是狭缝的像。

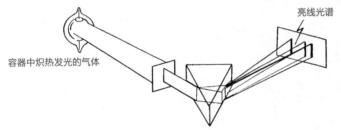

3. 现在，加一些新的东西。回到第一种情况，炽热固体发出所有频率的辐射。气体容器放在光源和狭缝之间。但这次，气体并没有被加热……这很酷。

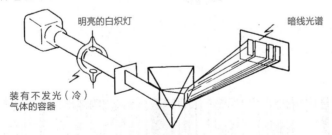

现在请注意屏幕。一个暗线光谱出现了，暗线对应谱线的缺失，缺失谱线的位置恰好是刚才使用炽热气体时屏幕上出现亮线的位置。

可以得出一个简单的结论。冷的（未激发）气体能够吸收与其处于炽热状态发射出的频率相同的光。这说明气体中一定存在一系列特定能量的态，它们是可逆的，即它们可以吸收或释放能量。非常有趣……

夫琅禾费线

所有这些都令人费解，但同时也令人鼓舞，因为在发射和吸收光谱中，这些线对应的频率（或波长）总是相同的。线状光谱为物理学家提供了关于纯元素的精确可重复信息。

1814 年，通过把一个三棱镜和一个聚焦于远处狭缝上的小望远镜组合起来，约瑟夫·冯·夫琅禾费（1787—1826）制造了第一台光谱仪。他随后用这台仪器观察了太阳光谱并发现……

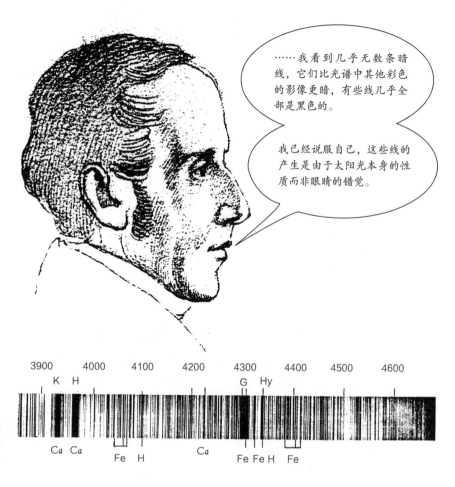

……我看到几乎无数条暗线，它们比光谱中其他彩色的影像更暗，有些线几乎全部是黑色的。

我已经说服自己，这些线的产生是由于太阳光本身的性质而非眼睛的错觉。

太阳光谱中的这些暗线被称为夫琅禾费线，它们是天体物理光谱学的基础。

氦的发现

几年后，古斯塔夫·基尔霍夫（1824—1887）使用一种巧妙的方法研究了这些暗线，他把盐（NaCl）溶液产生的明亮黄线叠加到夫琅禾费的太阳光谱上。这些亮线的位置与太阳光谱中某些暗线的位置完全匹配，说明这些暗线是由于太阳周围的外层气体中存在钠元素以及其他元素的冷蒸气。

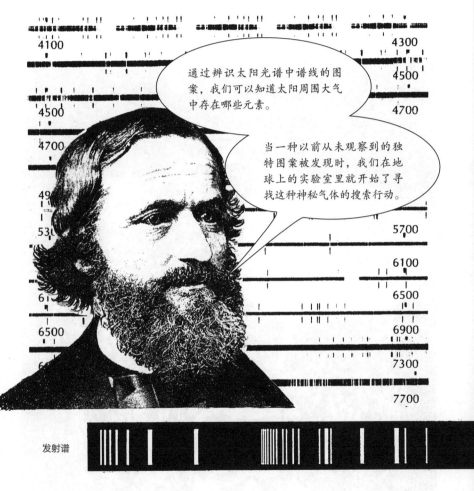

通过辨识太阳光谱中谱线的图案，我们可以知道太阳周围大气中存在哪些元素。

当一种以前从未观察到的独特图案被发现时，我们在地球上的实验室里就开始了寻找这种神秘气体的搜索行动。

发射谱

最终这种难以被制备的气体被探测并分离出来，它是一种无色、无味的化学惰性气体。它被恰当地命名为氦（helium），源自一个希腊词"helios"，意思是太阳。

氢——研究原子结构的案例

当然，这些谱线肯定说明了原子结构中相当基本的一些东西。但它们是什么呢？这需要我们进一步的仔细研究。

为了把特征亮线与某种原子结构理论联系起来，物理学家自然选择氢光谱作为他们的研究对象。因为它是所有元素中最简单的原子。

氢最主要的四条谱线，都在光谱的可见光区域，早在 1862 年就被瑞典天文学家 A. J. 艾斯特朗（1814—1874）准确地测量过了。

我使用光谱技术检测了太阳中氢的存在，然后对氢光谱进行了精确的测量。这些数值早已为科学家们所熟悉，并且在很多年来完全经受住了考验。

巴尔末：瑞士中学教师

1885 年，一位瑞士中学数学教师约翰·雅各布·巴尔末（1825—1898）发表了一项对氢可见光谱频率数值长达数月的研究成果。

> 我提供了对原始数据的一些初步整理。不涉及真正的物理，这是一个纯粹的数字游戏。

神奇的是，巴尔末发现了一个公式，这个公式里只出现整数，但却可以非常准确地预言四条氢可见光谱线的频率。后来证实这对其他紫外区域的谱线也成立。

里德堡常数

$$f = R \left(\frac{1}{n_f 2} - \frac{1}{n_i 2} \right)$$

根据这个公式，如果设 n_f（最终的）为 2，n_i（初始的）分别为 3、4、5 和 6，并设 R 值为 $3.291\,63 \times 10^{15}$ 周期／秒，就可以得到和观测结果几乎一模一样的数值。

根据巴尔末公式计算出来的数值与实际测量结果的比较如下表所示。

氢发射光谱（巴尔末，1885）

实验值		巴尔末公式计算出来的值	
波长	频率	频率	n_i 的值
（nm=10^{-9} m）	（10^6 MHz）	（10^6 MHz）	（n_f=2）
656.210（红）	457.170	457.171	3
486.074（绿）	617.190	617.181	4
434.010（蓝）	691.228	691.242	5
410.120（紫）	731.493	731.473	6

实验测出来的频率和我用公式计算出来的频率是多么接近啊。

这个公式太准了，准到让人难以相信！一定有更基本的东西隐藏在他的公式后面。也许是一些适用于原子的物理定律会符合这种形式的方程。

与此同时，巴尔末还预言了更多的线，分别位于紫外和红外的区域，这些线在他那个时代甚至是无法测量的。他设 n_f 为不同的值并预言了几个系列谱线。

巴尔末的公式预言了无数条谱线……并且，正如你所看到的，是相当准确的！但它是否会导致新的理论还有待检验。

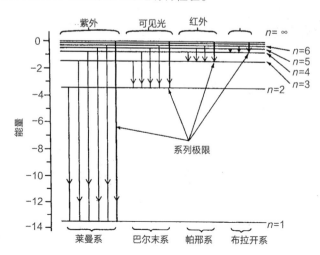

谱线的长度越长，光的频率就越大。不同谱线系的起点如图所示。

由巴尔末公式得到氢光谱的频率

巴尔末推测，如果 n_f 不是 2 的话，就会存在更多的氢谱线。比如，设 $n_f=1$，就会得到一个位于紫外区域的新线系，而设 $n_f=3$ 和 4，则会得到位于红外区域的其他新线系。

氢谱线系列表（根据巴尔末公式）

n_{final}	$n_f=1$	$n_f=2$	$n_f=3$	$n_f=4$
$n_{initial}$	$n_i=2,3,4,5,\cdots$	$n_i=3,4,5,6,\cdots$	$n_i=4,5,6,7\cdots$	$n_i=5,6,7,8\cdots$
光区域	紫外	可见光	红外	红外
发现时间（年）	1906 ~ 1914	1885	1908	1922
发现者	莱曼	巴尔末	帕邢	布拉开

这些序列强烈地暗示着某种能量图的存在，因为原子发射或吸收光一定对应原子能量的减少或增加。上表展示了巴尔末公式是如何通过改变表格中每个序列的数值用于计算谱线的频率的。

由巴尔末公式得到氢光谱的频率

这些信息对任何原子理论都是至关重要的。通过改变这些整数，我们就可以得到发射辐射的精确频率，这也意味着原子的内部结构发生了某种重新调整。

19 世纪 90 年代，没有人知道原子的构成。但很明显，一个成功的原子理论必须能够以某种明确的方式得到约翰·雅各布·巴尔末的这个神奇公式的验证。

电子的发现

在世界著名的剑桥大学卡文迪什实验室的神圣大厅里，原子正在接受 19 世纪伟大的经典物理学家之一 J. J. 汤姆逊（1856—1940）的研究。

我证明了电子具有明确的电荷－质量比，因此它是一个粒子，而非所谓的阴极射线。

实际上，在 19 世纪的最后五年里，其他所谓的射线也被证明是粒子。α 射线和 β 射线成为 α 粒子和 β 粒子。下一步则是研究原子是如何由这些粒子构成的。

原子的圣诞布丁模型

汤姆逊和开尔文勋爵研发了一个原子模型（很可能是在圣诞节期间），在这个模型中带负电的电子被镶嵌在均匀分布的正电荷球里，就好像布丁里放的葡萄干一样。这个模型通常包含以下经典假设：

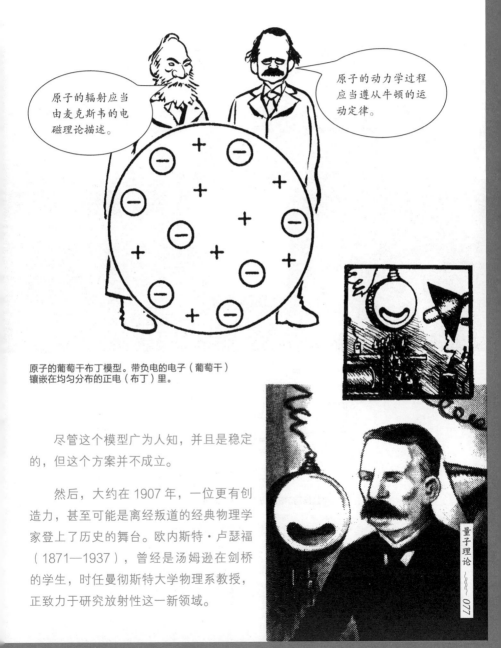

原子的辐射应当由麦克斯韦的电磁理论描述。

原子的动力学过程应当遵从牛顿的运动定律。

原子的葡萄干布丁模型。带负电的电子（葡萄干）镶嵌在均匀分布的正电（布丁）里。

尽管这个模型广为人知，并且是稳定的，但这个方案并不成立。

然后，大约在 1907 年，一位更有创造力，甚至可能是离经叛道的经典物理学家登上了历史的舞台。欧内斯特·卢瑟福（1871—1937），曾经是汤姆逊在剑桥的学生，时任曼彻斯特大学物理系教授，正致力于研究放射性这一新领域。

卢瑟福的有核模型

　　尽管卢瑟福内心是一个热忱的实验物理学家，但他总能在理论模型的基础上工作，如果这个模型是基于能够看到和理解的可靠实验的话。

　　他与研究生一起工作，人们经常可以看到他在实验室里哼着"前进！基督的战士"走来走去，激励他的学生努力工作。

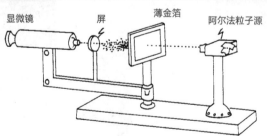

卢瑟福阿尔法粒子散射实验装置

显微镜　　　　屏　　　　薄金箔　　　阿尔法粒子源

　　1908 年，在进行一项关于放射性阿尔法粒子研究的时候，卢瑟福意识到这些巨大的带正电的"炮弹"正是理想的研究原子结构的探针。通过显微镜观察单个阿尔法粒子撞击在荧光屏上发出的微弱闪光，卢瑟福和他的一位来自德国的学生汉斯·盖革（1882—1945）一起开始研究阿尔法粒子被薄金箔散射的问题。

第一天……

第二天……

两三天后……

马斯登观察到一些阿尔法粒子被原路反射回来了！

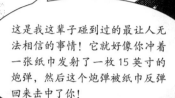

这是我这辈子碰到过的最让人无法相信的事情！它就好像你冲着一张纸巾发射了一枚15英寸的炮弹，然后这个炮弹被纸巾反弹回来击中了你！

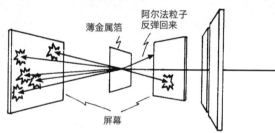

撞击屏幕并发出闪光

薄金属箔

阿尔法粒子反弹回来

阿尔法粒子源

屏幕

盖革和马斯登的阿尔法粒子与金箔的散射实验

稍后，卢瑟福发现……

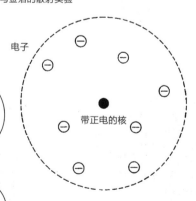

电子

带正电的核

这种向后的散射一定是单次碰撞的后果……但计算表明除非原子的绝大部分都集中在一个微小的核上，否则就不可能发生这么大角度的散射。

原子必须具有一个非常小但质量非常大的核心，同时它是带正电的。

这些实验和卢瑟福对它们的诠释标志着原子有核模型这一现代概念的开始。

原子核的大小

  这些散射实验的附带结果可以用来估算原子核的大小。如果一个阿尔法粒子直接冲着一个原子核射来，它的动能在靠近原子核的过程中将全部转化为电场的势能，在此过程中阿尔法粒子将减速并最终停下来。阿尔法粒子和原子核间的最近距离可以通过能量守恒计算出来。

原子内部绝大部分都是空的，原子核只占整个原子空间的万亿分之一！

  因此，绝大多数阿尔法粒子或其他入射粒子如电子或中子，都可以穿透金属箔或气体中的数千层原子，只有非常偶然的机会才会被大角度偏转。这就是为什么盖格和马斯登必须非常耐心（像大多数优秀科学家一样）才能在曼彻斯特观察到阿尔法粒子的背散射。

  这种有核的原子模型可以成功地解释散射现象，同时它也引发了很多新问题。

原子核周围的电子是如何排列的？

原子核是由什么构成的，又是什么使得原子核不因各部分都带正电而互相排斥并爆裂？

是什么阻止了带负电的电子通过电的引力落在带正电的原子核上？

我通过提出原子的行星模型回答了这些问题，电子将围绕微小的原子核旋转。电的引力将提供电子在轨道上运动所需的向心力。

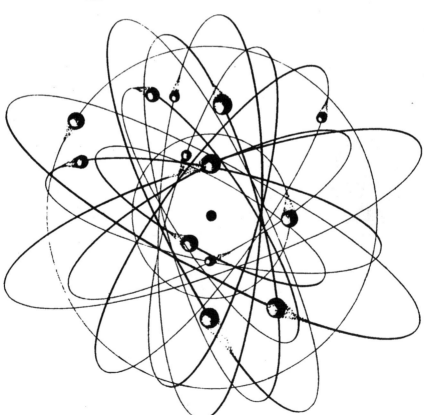

这给他提出了另一个问题……

如果电子像在微小的太阳系里的行星那样，沿着圆形轨道围绕原子核旋转的话（这意味着电子是有加速度的），是什么阻止电子像经典电磁理论所预言的那样向外连续地辐射能量？

它们将很快损失掉所有的能量。

卢瑟福模型是不稳定的。

我们不应该期待一个基于某些奇异结果提出的模型能够同时解释所有其他的奇异结果。

还需要增加更多假设完成这个图像，特别是那些与原子结构有关的细节。

但至少对原子形象的研究已经开始了。下一个重要的进展也发生在曼彻斯特的卢瑟福小组，这伴随着一名年轻的丹麦学生的来临，他刚刚从剑桥转学到这里……

量子英雄尼尔斯·玻尔登场

1912 年，在曼彻斯特卢瑟福的实验室，"伟大的丹麦人"开始了对量子物理学最深入理解的不懈探索，这持续了 50 年，直到 1962 年他去世时为止。

在这个伟大的历程中，没有人能与玻尔相比，甚至爱因斯坦也不可以。他是量子物理学的祖父，他提出了最初的思想并与几乎每一个对理论发展有所贡献的人合作。

1911 年，当他来到英格兰的时候，他随身携带一本大字典和查尔斯·狄更斯的全集用来学习英语。尽管他的语言能力有限，但玻尔有强大的自信和令人难以置信的完成艰难工作的能力。

我是在卡文迪什实验室 J. J. 汤姆逊的指导下开始研究的，但没法再继续跟随这位伟人工作了。

特别是在他告诉我说他对我的原子"葡萄干布丁模型"非常失望之后。

随后，玻尔在卡文迪什的一次晚宴上遇到了卢瑟福，并对卢瑟福对某位科学家的工作表达出的热情和赞扬印象深刻。

当玻尔来到曼彻斯特的时候，这里还回响着卢瑟福新的原子行星模型的余音。但他没有被卢瑟福模型的限制吓倒，并凭直觉认为经典力学可能不再适用于原子的内部。他认为普朗克和爱因斯坦关于光辐射的工作很重要，它们并不仅仅是一些聪明的德国观念。

最早在 1912 年夏天，玻尔向卢瑟福提交了一份题为《论原子和分子的构成》的论文草稿，在这篇文章里他直面原子的稳定性问题。

如果氢原子是由电子和质子组成的，那么像卢瑟福那样假设电子围绕原子核旋转，就像是个小型太阳系一样，是合理的。

但这怎么可能呢？根据经典物理学理论，一个电子不可能维持那样的构型超过哪怕一秒。

旋转的电子将迅速辐射能量并最终落在原子核上。

也许在原子内部存在着一些特殊的稳定轨道，它们与普朗克和爱因斯坦提出的符合能量与频率成正比量子关系的光子有关。

r_4

r_3

r_2

r_1

原子核

$n=1$

$n=2$

$n=3$

玻尔模型中的稳定轨道

玻尔的工作在 1913 年年初他发现巴尔末公式的时候取得了重大突破。在此之前，他甚至都没有想到过光谱。

这标志着原子结构的量子理论的开始。

玻尔遇到尼科尔森：角动量量子化

> 1912 年，我在剑桥认识的 J. W. 尼科尔森发表了一篇论文，提出了一个关于原子中电子角动量取值的重要想法。

> 如果普朗克常数 h 在原子中有意义，就可能意味着粒子的角动量在电子离开或返回的时候只能增加或减少分离的值。

J. W. 尼科尔森（1881—1955）把角动量量子化了，进而计算出对氢原子而言角动量的正确值：$L = mvR = n\,(h/2\pi)$。

玻尔本人的后续工作似乎并不依赖于尼科尔森的这一想法，但实际上这很重要，所以让我们来仔细地研究一下角动量。

首先：线动量

在日常生活中，我们用动量这个词来表示一个物体所具有的一旦运动起来就难以停下来的性质。在物理学中，这个词的意思是一样的。在没有摩擦的线性或直线运动中，运动的物体将保持原来的运动状态，除非物体受到外力的作用。这被称为动量守恒定律，在牛顿之前的伽利略就已经知道了这一点。

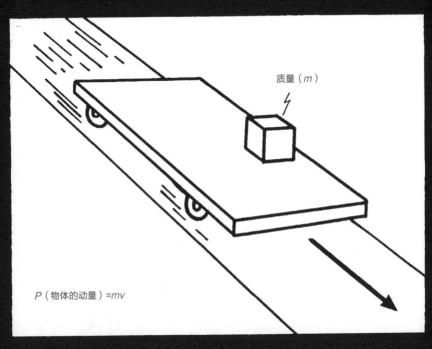

质量（m）

P（物体的动量）$=mv$

线性动量的取值被简单地定义为物体质量与其速度的乘积：$P = mv$（线性动量）。

其次：角动量

对旋转系统而言，这里的物理是相似的。一个物体在没有摩擦的情况下沿着闭合轨道旋转，如果没有外界力矩的作用，它将继续旋转并保持原有的角动量不变。角动量的大小由物体的质量、它的速度及其轨道半径的乘积决定……

$$L = mvr \quad （角动量）$$

其中，m 是质量，v 是物体沿轨道旋转的速度。

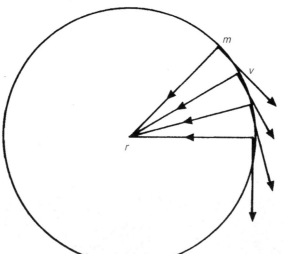

角动量守恒（没有力矩）

在玻尔模型中，如果电子从其初态被激发，它只能"跃迁"到角动量增加或减少整数倍 $h/2\pi$ 的轨道。

这就是我的方案的核心前提……把原子中电子轨道的量子化与普朗克常数联系起来。

玻尔的量子假说

玻尔引入了两个新的假设以解释稳定电子轨道的存在。首先，他为原子的有核模型提出了辩护，尽管这个模型与经典物理学冲突。

玻尔的第一个假设：

与经典物理学的预期相反，电子可以存在于一系列特殊轨道中的任何一个并且不向外发出辐射。

这些轨道被称为定态，并且可以用轨道角动量的取值来表征……

$$L=mvr=n\left(h/2\pi\right)$$

这就是量子力学的轨道条件。

处于定态的电子可以发生量子跃迁

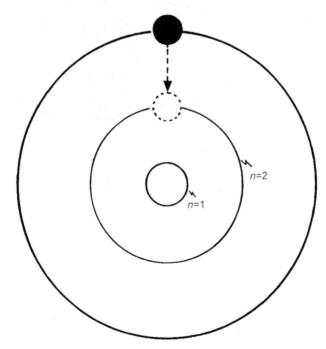

与经典物理学不同，角动量 L 的取值不能是任意值，而只能是某些特定的值。比如，$L = 1$（$h/2\pi$）是第一个轨道；$L = 2$（$h/2\pi$）是第二个轨道；$L = 3$（$h/2\pi$）是第三个轨道……以此类推。只有那些 L 是 $h/2\pi$ 整数倍的轨道才是允许的。（这里的整数 n 被称为主量子数。）

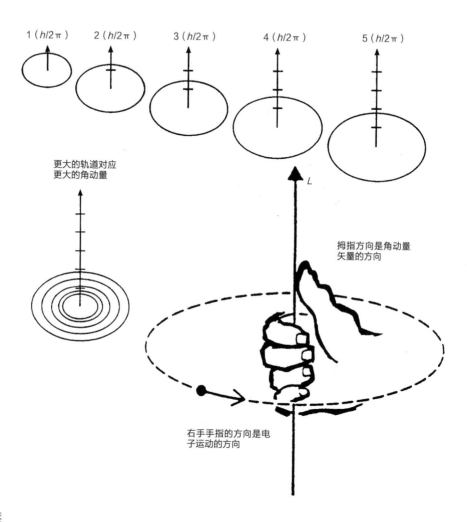

1（$h/2\pi$）　　2（$h/2\pi$）　　3（$h/2\pi$）　　4（$h/2\pi$）　　5（$h/2\pi$）

更大的轨道对应
更大的角动量

L

拇指方向是角动量
矢量的方向

右手手指的方向是电
子运动的方向

最基本的量子单位是什么，是 h 还是 $h/2\pi$？

　　首先，我们发现光只能以非常精细的能量单位存在，$E=hf$（频率）。其次，角动量也是量子化的，但这次的单位是 $h/2\pi$。那么区别是什么呢？因子 2π 又来自哪里？为什么角动量的量子化与能量的不同？这是一个有趣的问题，并且很快就会得到回答！

经典物理与量子物理的混合

如果已知做轨道运动物体的角动量，在这种假设下，利用经典概念很容易计算出轨道的半径和能量。根据牛顿的太阳系行星模型，玻尔推出了电子轨道半径的公式：

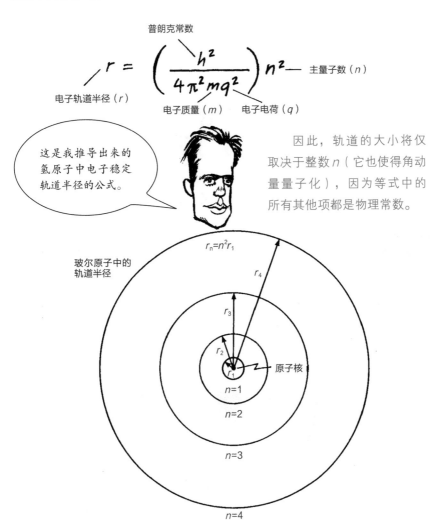

普朗克常数

$$r = \left(\frac{h^2}{4\pi^2 mq^2} \right) n^2$$

电子轨道半径（r）

电子质量（m）　电子电荷（q）

主量子数（n）

这是我推导出来的氢原子中电子稳定轨道半径的公式。

因此，轨道的大小将仅取决于整数 n（它也使得角动量量子化），因为等式中的所有其他项都是物理常数。

玻尔原子中的轨道半径

$r_n = n^2 r_1$

r_4

r_3

r_2

r_1

原子核

$n=1$

$n=2$

$n=3$

$n=4$

最小半径对应 $n=1$，它的取值是 5.3×10^{-9} 米（5.3 纳米）。这与现代的基于实际测量的原子大小接近。这个值叫作玻尔半径。此时氢原子的能量最小，原子处于基态。

玻尔的第二个假设

    继续把原子类比为迷你太阳系，一旦知道了半径，玻尔就很容易计算出相应每个轨道的能量。然后，利用不同定态间能量的差，他就可以计算出发射或吸收光的频率。这就引出了他的第二个假设……

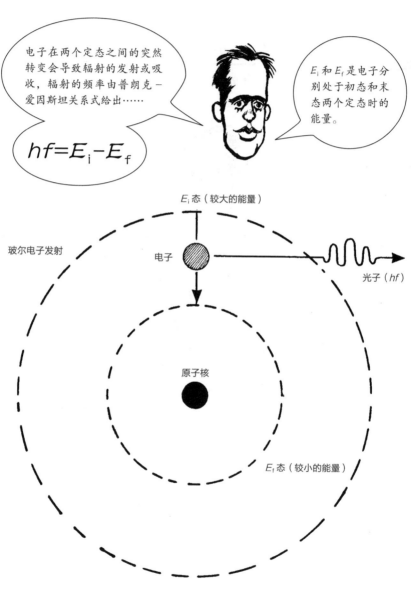

电子在两个定态之间的突然转变会导致辐射的发射或吸收，辐射的频率由普朗克－爱因斯坦关系式给出……

$$hf=E_i-E_f$$

E_i 和 E_f 是电子分别处于初态和末态两个定态时的能量。

E_i 态（较大的能量）

玻尔电子发射

电子

光子（hf）

原子核

E_f 态（较小的能量）

这是量子跃迁条件。

玻尔推导巴尔末公式

根据这些假设，玻尔开始用他的新原子模型推导巴尔末公式（可以正确地描述氢原子的线状光谱）。他同时利用了经典物理和量子物理并得到：

$$f = \frac{2\pi^2 mq^4}{h^3}\left(\frac{1}{n_f^2} - \frac{1}{n_i^2}\right)$$

如果巴尔末公式里的常数项 R（叫作里德堡常数）取：$R = 2\pi^2 mq^4/h^3$ 的话，这就是巴尔末曾经得到过的描述氢原子频率的公式。

使用 1914 年已知的 q、m 和 h 的取值，玻尔计算出：$R = 3.26 \times 10^{15}$ 周期 / 秒，这与巴尔末的值只差百分之几。

玻尔从基于围绕原子核运动的电子的物理理论出发推导出了巴尔末公式（它可以正确地描述氢光谱）。这是一个了不起的成就。

玻尔现在可以根据原子中的轨道画出能量的图，并展示各个光谱系列的起源。年轻的丹麦人是否已经解决了原子结构的谜团？他的模型是否成立，是否能够预测光谱，并对其他元素也适用？

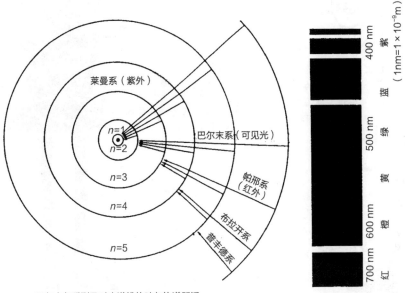

巴尔末各系列及对应谱线的玻尔轨道跃迁

仔细观察光谱……更多谱线

　　即使对最简单的氢，很快就发现了一些额外的谱线，这样，玻尔模型就受到了挑战。随着对氢光谱更精细测量的完成，很明显需要在原子中加入更多结构。除了玻尔简单的圆形轨道，对应仅一个量子数，电子似乎可以占据更多可能的轨道。这时一位著名的理论物理学家出现了，他拯救了玻尔。

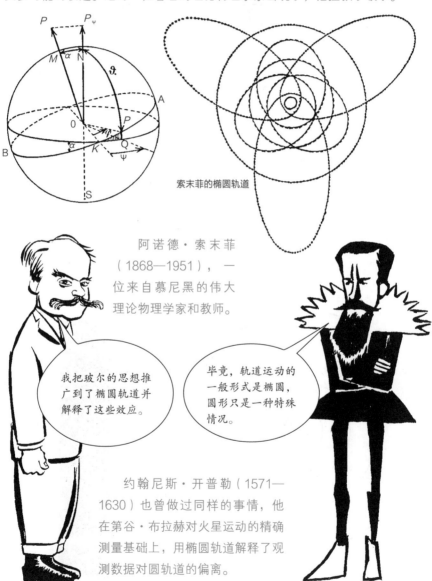

索末菲的椭圆轨道

阿诺德·索末菲（1868—1951），一位来自慕尼黑的伟大理论物理学家和教师。

我把玻尔的思想推广到了椭圆轨道并解释了这些效应。

毕竟，轨道运动的一般形式是椭圆，圆形只是一种特殊情况。

约翰尼斯·开普勒（1571—1630）也曾做过同样的事情，他在第谷·布拉赫对火星运动的精确测量基础上，用椭圆轨道解释了观测数据对圆轨道的偏离。

再增加一个量子数：k

　　尽管爆发了第一次世界大战，但索末菲的论文还是被秘密地从慕尼黑送到哥本哈根。索末菲在论文里描述了具有相同 n 值的不同形状的椭圆轨道。

　　这将导致定态能量取不同的值，具有稍大或稍小的能量跃迁……结果就是多条谱线。

　　同样，只有特定形状的椭圆轨道才是允许的。为此他引入了另一个量子数 k……它也是以 $h/2\pi$ 为单位量子化的。

塞曼效应……以及更多的谱线

早在 19 世纪 90 年代，荷兰人彼得·塞曼（1865—1943）就已经证明，当被激发的原子放在磁场里的时候会有额外的谱线出现。一个真正的原子理论必须能解释这一现象，这个现象被称为塞曼效应。现在索末菲有了一个答案。

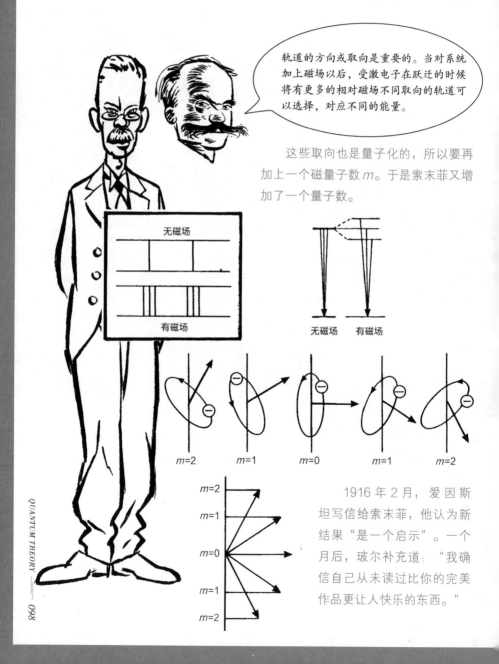

> 轨道的方向或取向是重要的。当对系统加上磁场以后，受激电子在跃迁的时候将有更多的相对磁场不同取向的轨道可以选择，对应不同的能量。

这些取向也是量子化的，所以要再加上一个磁量子数 m。于是索末菲又增加了一个量子数。

1916 年 2 月，爱因斯坦写信给索末菲，他认为新结果"是一个启示"。一个月后，玻尔补充道："我确信自己从未读过比你的完美作品更让人快乐的东西。"

三个量子数: *n*、*k*、*m*

在索末菲计算的支持下，基于三个量子数：轨道的大小（*n*）、轨道的形状（*k*）和轨道的取向（*m*），玻尔发展出了一系列原子跃迁的选择定则。

现在每个分立能量的态都对应一组不同的整数*n*、*k*和*m*，这些态之间的跃迁形成了观察到的光谱线。

玻尔－索末菲的方案足以解释全部氢光谱线了吗？并不完全。还有一些东西不能解释。还需要另一个量子数才能完全解释磁效应。

沃尔夫冈·泡利：反常塞曼效应、电子自旋和不相容原理

　　塞曼在 1894 年发现的谱线磁分裂是玻尔－索末菲轨道的巨大成功之一。但后来人们发现在磁场下会产生更多的谱线，这一次物理学家被难倒了。他们把这个现象称为反常塞曼效应。

> 但它并不反常，只是物理学家不理解罢了。

　　1924—1925 年，每个人都被反常塞曼效应困扰着，其中也包括瑞士理论物理学家沃尔夫冈·泡利（1900—1958）。事实上，这个问题让泡利感到如此困惑，以至于流传的关于泡利的很多故事中的一个就是关于反常塞曼效应的，这些故事中的大部分都是真的。

泡利接受了在哥本哈根与玻尔合作的邀请，并撰写了两篇关于反常塞曼效应的论文，但这两篇论文都不能让他满意。1922—1923 年，在他逗留于哥本哈根期间，由于他在这个问题上缺乏进展，他经常感到沮丧和焦躁。一天，一位同事在街上遇见了泡利，他正漫无目的地漫步在哥本哈根美丽的街道上……

泡利的求学之路开始于他的家乡维也纳，当他还是个少年的时候，就已经在数学和物理方面崭露头角。1918 年，当泡利还在慕尼黑大学读书的时候，他就在索末菲教授的鼓励下发表了一篇关于广义相对论的综述文章。"任何一个研读过这篇成熟并且构思宏大的作品的人都想不到它的作者只有 21 岁"，爱因斯坦的这一评价使得这篇文章成为传奇。

泡利效应

　　在索末菲的指导下，泡利于 1921 年完成了他的关于电离氢的量子理论的博士论文。此后他又在哥廷根做了半年玻恩的助手，然后在汉堡担任私人讲师。就是在那个时期发生了第一次泡利效应（不要与泡利原理混淆）……

　　每当泡利进入实验室的时候，实验室里就会有仪器发生严重的故障！（泡利效应。）

　　我们承认理论物理学家并不擅长做实验。而泡利则是那个特别的理论物理学家，因为仅凭他的存在就能使仪器崩溃。令人欢乐的是，他在汉堡的朋友、备受尊敬的实验物理学家奥托·斯特恩（1888—1969），只有在把通往他实验室的大门关紧之后才会向泡利请教问题。

　　反常塞曼效应，这一曾在哥本哈根深深困扰过泡利的难题，最终导致了他的不朽工作并使泡利成为量子理论的主要贡献者。

泡利"隐藏的旋转"及电子的自旋

　　泡利假设存在一个隐藏的旋转导致了可以产生反常塞曼效应的额外的角动量。他提出还存在第四个只具有两种取值的量子数，这正是解释令人困惑的反常塞曼效应所需要的。

　　与此同时，两位年轻的荷兰物理学家乔治·乌伦贝克和萨姆·古德施米特也有了同样的想法。他们的教授保罗·埃伦费斯特比泡利更宽容，他把他们的论文投出去发表了。

很快，反常塞曼效应的神秘效果被证明正是电子的自旋导致的，这给电子提供了额外的角动量。

值得一提的是，关于自旋还有一个麻烦，因为它将不可避免地最终导致一年后新的量子理论的诞生。电子的自旋角动量只有原子轨道角动量量子取值 $h/2\pi$ 的一半，因此被称为自旋 1/2。

这是半经典概念无法严格成立的另一个例子，比如，电子必须围绕自身旋转两周才能回到它的初始状态！

泡利不相容原理

关于原子结构的最初疑问是为什么原子中的电子不会都跃迁到基态上。为了解释这不会发生，泡利提出每个原子的态（由三个量子数描述）都可以容纳两个电子，并且只能处于不同的轨道上。这被冠以"空间量子化"这一奇特的名称。

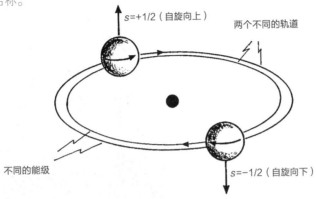

$s=+1/2$（自旋向上）

两个不同的轨道

不同的能级

$s=-1/2$（自旋向下）

现在有了双重取值的自旋概念，泡利就可以给出他的不相容原理的最终内容……

原子中的每个量子态不再对应两个电子而仅仅对应一个电子。因此，对于每个不同的能级，加上自旋向上或自旋向下，共存在四个量子数。

电子不能都占据能量相同的态的事实是使得桌子和其他东西变得坚固的原因。

如果一个态被电子占据，则下一个电子只能占据空置的更高能量的态，即电子会从低到高填充能量不同空置的态。这是原子不会出现所有电子都坍缩到能量最低的态或基态的情况的原因，这导致每个元素都有它自己的特征结构。

和以前他针对外层电子（或价电子）解释反常塞曼效应不同，泡利现在提出的这个原理适用于所有的电子和所有的原子。利用这个简单但深刻的原理，现在任何原子的量子态都可以被构造出来，并且元素周期表可以通过更基础的第一性原理得以理解。

元素周期表：门捷列夫

自 19 世纪 90 年代俄罗斯的迪米特里·门捷列夫（1834—1907）为受困于有机化学学习的学生发明了直观的元素周期表以来，元素的周期性就已经被人们知道了。

我已经意识到，如果把元素按原子序数增加的顺序排列进一个由行和列组成的表格，元素的化学性质就会重复。

ОПЫТЪ СИСТЕМЫ ЭЛЕМЕНТОВЪ.

ОСНОВАННОЙ НА ИХЪ АТОМНОМЪ ВѢСѢ И ХИМИЧЕСКОМЪ СХОДСТВѢ.

		Ti = 50	Zr = 90		? = 180.
		V = 51	Nb = 94		Ta = 182.
		Cr = 52	Mo = 96		W = 186.
		Mn = 55	Rh = 104,4		Pt = 197,4.
		Fe = 56	Ru = 104,4		Ir = 198
		Ni = Co = 59	Pl = 106,6		Os = 199.
H = 1		Cu = 63,4	Ag = 108		Hg = 200
	Be = 9,4	Mg = 24 Zn = 65,2	Cd = 112		
	B = 11	Al = 27,4 ? = 68	Ur = 116		Au = 197?
	C = 12	Si = 28 ? = 70	Sn = 118		
	N = 14	P = 31 As = 75	Sb = 122		Bi = 210?
	O = 16	S = 32 Se = 79,4	Te = 128?		
	F = 19	Cl = 35,5 Br = 80	I = 127		
Li = 7 Na = 23		Ca = 40 Sr = 87,6	Ba = 137		Pb = 207.
		? = 45 Ce = 92			
		?Er = 56 La = 94			
		?Yt = 60 Di = 95			

直到 1925 年泡利提出他的不相容原理之前，这种周期性一直是个谜。然而，甚至在泡利的发现之前，玻尔就已经用他的轨道模型解释了它。

玻尔对周期表的解释

　　当玻尔 1913 年开始他对原子的研究的时候，他主要关心的是周期表，而不是对巴尔末光谱的解释。他以伟大的物理直觉和他轨道模型的细节做到了这一点。

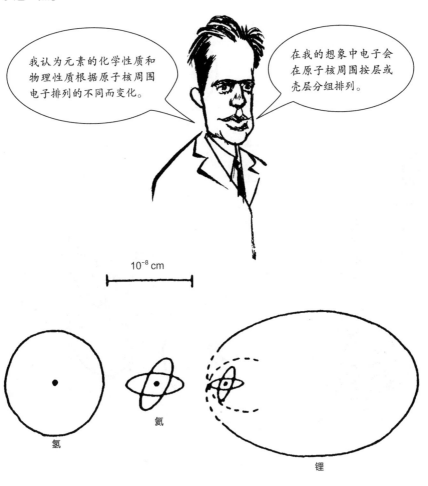

　　每个壳层可以容纳不超过一定数量的电子，元素的化学性质与壳层在多大程度上是近乎全满的或全空的有关。例如，满壳层的元素化学性质比较稳定。所以，惰性气体原子（氦、氖、氩等）的壳层是全部填充满的。

开始的时候，玻尔观察到氢元素（含 1 个电子）与锂元素（含 3 个电子）的化学性质在某种程度上是类似的。它们都是 1 价的，并能形成类似的化合物，例如氯化氢（HCl）和氯化锂（LiCl）。

碳

氖

考虑到这种相似性，我猜测锂原子 3 个电子中的 2 个距离原子核较近，但第三个电子的轨道就离这个内层结构较远。

氩

钠

于是，锂原子可以粗略地描绘成像是一个氢原子。这种相似的物理结构，也是元素具有相似化学性质的原因。所以，锂原子的第一个壳层具有 2 个电子，而第 3 个电子会进入下一个壳层，或更靠外的壳层。

闭合壳层和惰性气体

　　钠（11 个电子）是元素周期表中的下一个元素，它具有与氢和锂类似的化学性质。这种相似性表明钠原子也具有与氢原子类似的中央核心以及围绕其旋转的一个电子。因此，对于钠来说，第 11 个电子必须在外壳层中，因此它的第二个壳层就有 8 个电子。

　　这些定性的思想使玻尔获得了电子在原子周围按组或壳层排列的自洽图像。氢、锂、钠和钾各自在一个核心外面有单个电子，这个核心的结构很像排在它们前面的元素，即惰性气体。外层电子很容易与邻近的原子结合，这与人们所观察到的实验现象是吻合的。

玻尔沿着这些线索进行了完整的分析，并于 1921 年提出了如下形式的周期表。玻尔的表在今天仍然有用，这是物理理论可以为理解化学提供合理基础的一个例子。

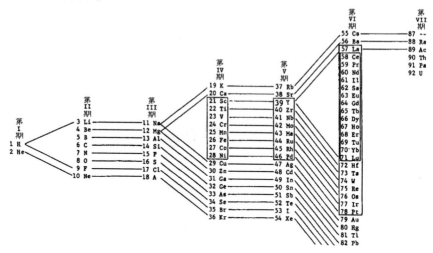

但泡利为玻尔的"物质"周期表奠定了基础。他的不相容原理（每个电子必须具有属于自己的一组量子数）能自动产生 2、8、18 等神奇的数字，这正是玻尔为自己的壳层设计的。这是原子中的每个电子都"知道"其他每一个电子的"地址"并自动在原子结构中占据唯一空间的第一个证据。（稍后再仔细讨论这里的联系。）

下表展示了如何由不相容原理产生这些奇妙的数字（即每个轨道或壳层能够容纳的电子数目）。量子数 k 和 m 的取值可以参看本书第 97 ~ 99 页。第四个量子数是由反常塞曼效应，即电子的自旋 s 确定的，它的取值只有向上和向下两种可能性，玻尔的壳层对应主量子数 n 所规定的轨道。

	n	允许的 k 值	允许的 m 值	允许的 s 值	总状态数	
第 1 壳层	1	1	0	±1/2	2	=2
第 2 壳层	2	1	0	±1/2	2	=8
	2	2	−1, 0, 1	±1/2	6	
第 3 壳层	3	1	0	±1/2	2	=18
	3	2	−1, 0, 1	±1/2	6	
	3	3	−2, −1, 0, 1, 2	±1/2	10	

波粒二象性

在介绍一种颠覆性的看待原子中的电子的方式之前，了解波动的性质并思考最使物理学家感到困惑的悖论是重要的。

波动和粒子哪一个更好地描述了辐射和物质最基础的本性？或者我们需要同时使用它们吗？

说起波动和粒子争论的起源，我们必须回到牛顿和荷兰物理学家克里斯汀·惠更斯（1629—1695）关于光本性的争论。

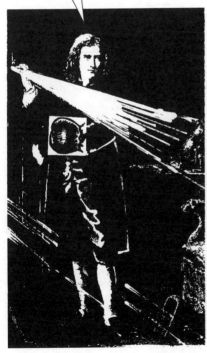

我十分确信光是一种粒子，或按我的说法，叫作微球。

我认为光是一种波，而且我提出了一种简单的几何构造可以证实光可以反射、折射、衍射以及干涉。

那么，什么是光？光的波动理论的具体论证是什么？

波的性质

考虑一个脉冲在一个张紧的弹性弦上的传播。这是波动最简单的例子。

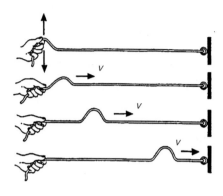

值得一提的是，当两个脉冲具有相同的形状以及尺寸，但偏离方向相反的时候，它们就会在这些共同的点完全抵消（能量此时会转变为弦本身的运动）并互不干扰地相互穿透过去。

现在考虑在弦的每一端都有一个脉冲产生，互相朝着对方传播。当它们相遇的时候，会叠加在一起，这种独特的现象叫作叠加（粒子没有这种现象）。

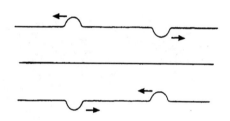

叠加

当弦上两个脉冲在相同的时刻通过一个特定的点的时候，弦对平衡位置的总偏离就是这两个脉冲各自对平衡位置偏离的相加。

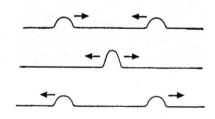

周期性的波

如果脉冲一个接一个规则地驱动张紧的弦，此时就会在弦上产生周期性的波。声波、水波以及光波都是周期性的。

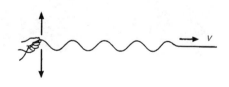

波 速

波速（v）、波长（λ）以及频率（f）之间存在简单的关系：$v = f\lambda$。如果考虑到频率就是单位时间内完成周期性变化的次数，λ 是指波在一个振动周期内传播的距离，这个关系就更明显了。

干涉：双缝实验

接下来，我们看看经典的双缝实验。如果两列相同的周期性波在相同的点相遇，并且此时正好反相，即它们经历过的波长的数目差正好是半波长的奇数倍，此时会发生相消干涉，波动正好相互抵消（对光来说，这里会出现一个暗点）。如果两列波经历的波长数目差正好是波长的整数倍，会发生相长干涉，此时会出现一个亮点（即对光而言）。

双缝干涉实验最早是由托马斯·杨（1773—1829）在 1801 年观察到的。他所展示的由光波相互干涉导致的亮线与暗线的相互交替是光波动性的明确证据。这里，你可以看一下由杨氏亲手绘制的最早的干涉示意图。

托马斯·杨的原始示意图反映了干涉现象，观察这个现象的最好方式是把你的眼睛放在靠近光掠射边缘的恰当角度。

双缝干涉

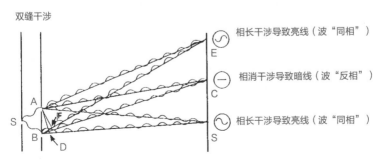

相长干涉导致亮线（波"同相"）

相消干涉导致暗线（波"反相"）

相长干涉导致亮线（波"同相"）

衍射和干涉

　　衍射指的是波传播到障碍物的边缘会弯曲的现象，这种现象也会产生干涉图案。当一个点光源（或任何一种波的波源）穿过一个与波长类似尺寸的小圆孔的时候，圆孔边缘产生的衍射会使光分布在一个更大的环形区域并引发干涉。

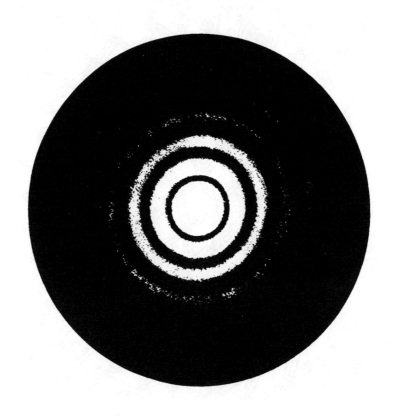

　　衍射图案显示如上图。虽然这里波的路径比双缝实验里的更复杂，但原理是相同的。后面我们还会再次看到这个图案——波动不容置疑的证据。

　　除了这些干涉的效应，光波动本性进一步的证据还来自麦克斯韦 1865 年的电磁波理论。19 世纪的经典物理学家对此非常满意：光是一种波。

爱因斯坦……一个孤独的声音

　　但在 20 世纪开始的时候，年轻的爱因斯坦在解释光电效应（本书第 50 页）时复活了粒子的思想。几年之后的 1909 年，当爱因斯坦把他关于统计涨落的思想应用于普朗克的黑体辐射定律的时候，两种不同的术语出现了，暗示着某种二象性……

> ……我认为理论物理下一阶段的发展将给我们带来关于光的一种波动学说和粒子学说融合的理论。

　　关于这个问题，爱因斯坦是孤独的。没有人相信光子。这不是爱因斯坦第一次在处理量子理论的某些疑惑的时候领先于同时代的人，至少对光辐射的问题是这样。

　　但即使是爱因斯坦也没有为 1924 年从巴黎传来的惊人消息做好准备。幸运的是，他第一时间就被人告知了。他急需对此表态！

一个法国贵族发现了物质波

　　1923 年，法国巴黎索邦大学的一名研究生，路易斯·德布罗意（1892—1987）提出了这个令人震惊的概念——粒子可能具有波动性。德布罗意深受爱因斯坦思想的影响，他认为为了理解光，可能必须引入一种二象性。

　　1924 年，在他的博士论文中，德布罗意写道……

但，要确切地理解爱因斯坦方程中频率的物理含义是困难的。

$$E = hf$$

能量等于普朗克常数乘以频率。

看来量子理论的基本思想是必须把孤立系统的能量与频率联系起来……

但它显然描述了一种内在的"周期过程"。

解释了光电效应（把电子从金属中敲出来）的爱因斯坦的光粒子思想给他留下了深刻的印象。与此同时在另一个场景，比如双缝实验里，光也携带这种能够产生干涉效应的"周期性"信息。

接下来是引起轰动的部分。在他论文的第一部分，德布罗意提出了所有物理学中最伟大的统一原理之一……

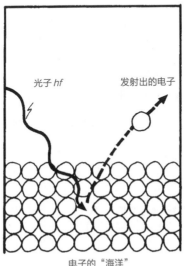

一个具有可观测频率（波长）的光子与单个电子的相互作用。

一个关联的波动

　　德布罗意给粒子赋予了一个频率，这个频率并不与粒子的内在周期行为（他设想的爱因斯坦的光子）直接相关，而是与一个粒子在时空中相伴的波有关，并且这个波总与"内在"过程同相。

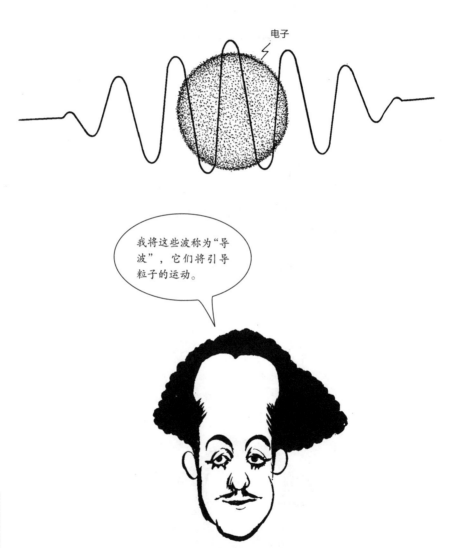

　　这样的波能够被探测到吗？即这些神秘的波是否可能与粒子的真实运动有关并且可以被测量？

是的，德布罗意说，这些波并不仅仅是抽象的。这个激进的思想在物理上的重要后果是有两个速度与这些导波有关。

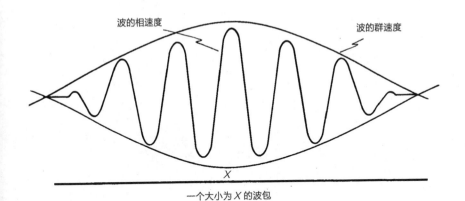

波的相速度　　　　　　　　　　　　　　波的群速度

X

一个大小为 X 的波包

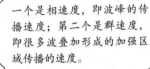

一个是相速度，即波峰的传播速度；第二个是群速度，即很多波叠加形成的加强区域传播的速度。

德布罗意认为群速度对应粒子传播的速度并证明波叠加形成的加强区域具有粒子所有的力学性质——如具有能量和动量——它们通常是一个粒子应该具有的。（这与很多不同频率的波叠加可以形成脉冲类似。）

戏剧性的结论

当他写下通过与光子类比建立起的用以描述这些思想的简单数学关系的时候，更多戏剧性的结论出现了。

他由爱因斯坦著名的质能方程 $E=mc^2$ 出发，这个方程代表任意质量物体的总能量。在此情形下，光子的能量是……

$$E=mc^2 = (mc)(c)$$

现在来看看德布罗意的一系列推导过程……

由于 mc 就是质量乘以速度，所以 mc 表示光子的动量 p……

$$E=(p)(c) = (p)(f\lambda)$$

对于波来说，c（波速）$=f$（频率）乘以 λ（波长）。

将普朗克-爱因斯坦关系式 $E=hf$，代入上面 E 的表达式里，我们得到：

$$(h)(f) = (p)(f\lambda)$$

然后通过简单的代数运算……得到光子波长的表达式：

$$h/p = \lambda$$

这意味着如果减小光的波长，那么单个光子的动量将增加。

这是一个非常重要的结果，并将用于说明海森堡是如何解释他的不确定原理的，我们清晰地得到了这个表达式。这里的形式是简单的，但其概念是深奥的。

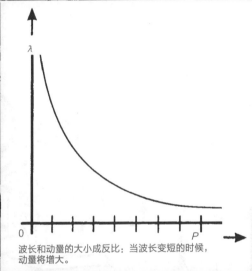

波长和动量的大小成反比：当波长变短的时候，动量将增大。

通过直接类比，德布罗意宣称他的关系不仅对光子成立，对电子也成立……甚至对所有的粒子都成立。

$$\lambda = h/p$$

或（波长）=（普朗克常数除以动量）

对电子而言，

$$动量\ P = (m)(v) = （质量）（速度）$$

可以很容易地在实验中测定，这样根据德布罗意方程就可以知道波长了。

对大多数物理学家来说这个概念看起来是荒谬的。电子是粒子，这是自 J. J. 汤姆逊 1897 年的发现之后每个经典物理学家都知道的。

令人震惊的论文

当德布罗意在 1924 年向巴黎索邦大学提交他的题为《关于量子理论的研究》的博士论文的时候，这些概念让考核委员会大为震惊，并且深感疑惑。委员会中包括著名的物理学家保罗·郎之万（1872—1946），他很幸运地事先从德布罗意那里获得了一份论文复印件并把它寄给了爱因斯坦。

爱因斯坦读了这篇论文然后对洛伦兹说……

> 我相信德布罗意的假说是照亮我们物理之谜最困难部分的最初的微弱光芒。

> 对考核委员会，他给出了一个深刻的评价。

德布罗意揭开了一张伟大的面纱。

德布罗意通过了博士论文考核，委员会授予他博士学位。

物质波的证实

　　短短几年之内，德布罗意的所有预言都被实验证实了。令人印象深刻的是，这个实验就是德布罗意在回答委员会中一名委员的质疑时提出的。

物质波有可能通过晶体的衍射实验观察到，就像 X 射线晶体衍射一样。

　　有意思的是，这些能够证明电子波动性的衍射图案是 G. P. 汤姆逊（1892—1975）第一个观察到的。

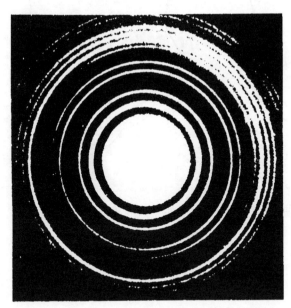

这距离我的父亲 J. J. 汤姆逊发现电子具有粒子性已经过去了 30 年。

　　关于原子中电子的波动性，德布罗意还有另外一个有意思的想法……我们马上就要讨论到它。

原子中电子的波动

当电子在原子中运动的时候，与之关联的波是稳定的，即会形成驻波（见本书第112页），就像波在两端固定的琴弦上的运动。

在这种情况下，只有特定分立的频率才是允许的，基频以及谐频，这是任何一个学音乐的学生都知道的。

$2\pi r = n\lambda$ $2\pi r \neq n\lambda$

原子中电子的"驻波"

（仅有特定波长的波可以在圆周上形成"驻波"。）

这正是玻尔1913年在他的氢原子猜想中所需要的。（还记得那个有待解释的2π因子吗？）只要知道在原子周长上电子波动的整数，并利用德布罗意关系，下面就能接上玻尔的轨道量子化的完整理论推导。看，仅需一些简单的代数运算……

$$n\lambda = 2\pi r \,（驻波）$$

$$n(h/mv) = 2\pi r \,（利用德布罗意方程）$$

$$n(h/2\pi) = mvr \,（量子轨道猜想）$$

玻尔的量子条件不再是一个猜想，它是一个经得起推敲的现实……

将原子可视化："旧量子论"

旧量子论，即玻尔的轨道模型及索末菲对它的改进，可以带来一些真正的成功：氢原子光谱，即推出巴尔末公式；原子能态的量子数及选择定则；对元素周期表的解释；以及泡利不相容原理。

这种区分暂时还不重要，我们需要继续推进这两种思路。但有了这种原子内部电子的模糊的波动和粒子图像，我们就距离真正理解量子理论又进了一步。

新量子理论的三次创生

经过 25 年的疑惑后，我们等来了令人惊叹的突破性进展。在从 1925 年 6 月到 1926 年 6 月的 12 个月里，不是一个，也不是两个，而是三个不同而且独立的完整的量子理论被发表……

随后被证明它们是相互等价的。

第一个：矩阵力学，由沃纳·海森堡提出；

第二个：波动力学，由欧文·薛定谔提出；

第三个：量子代数，由保罗·狄拉克提出。

以下我们将介绍这些发现是如何完成的以及使得它们成为可能的背景。故事始于玻尔和他的新门徒，沃纳·海森堡。

海森堡，天才及登山者

海森堡（1901—1976）出生于慕尼黑，他的父亲是当地大学希腊语的教授。作为一名登山爱好者海森堡是幸运的，因为慕尼黑就位于巴伐利亚阿尔卑斯山的脚下。海森堡是一名优秀的学生同时他钢琴弹得也很好。在他中学时代，海森堡就已经开始沉迷于独立的物理学研究。

1920 年秋季，海森堡一进入慕尼黑大学师从索末菲学习物理学，他就遇到了沃尔夫冈·泡利。从此开启了两人的终身友谊。

1922 年 6 月，泡利和海森堡都在哥廷根，在这里，海森堡第一次见到了玻尔。虽然他只有 20 岁，并正在读博士，但海森堡对玻尔的一个演讲提出了反对意见，玻尔对海森堡的反对显得有些迟疑……

在演讲结束的时候，玻尔过来邀请我下午和他一起去海恩贝格山散步。

这次散步对我此后的科学生涯有深刻的影响。可能更确切的说法是我真正的科学生涯是从那天玻尔对我说"……原子非物！"那一刻开始的。

我们交谈了三个小时。我第一次目睹量子理论的创建者之一深深地为这个理论碰到的困难而焦虑。玻尔具有深刻的洞察力，这种洞察力并非出自数学分析而是源自对真实现象的观察。

他可以凭直觉而非通过形式的推导就能猜到一个关系。

散步回来后，玻尔是这样对他的朋友评价海森堡的……

海森堡了解每一件事。现在答案就在他的手上。他必须找到克服量子理论困难的路。

显然，玻尔很快就意识到海森堡作为一个年轻物理学家的超常天赋。

但出乎尼尔斯·玻尔意料的是，海森堡不喜欢玻尔原子模型中想象的电子的轨道。

它们永远不会被观察到。我们谈论在很小的不可见的原子中的不可见的电子的轨迹，有什么益处呢？

如果我们不能看到一个原子，那么它就不是一个有意义的概念。

1925年春天，海森堡离开哥本哈根回到哥廷根。在那里，马克斯·玻恩（1882—1970）推荐他成为一名编外讲师，当时他只有22岁！在德国，他被两件事困扰：一件是空气中的花粉，另一件就是原子轨道的问题。

我得了非常严重的花粉过敏症。我几乎看不见东西。

我的状态很糟，我决定去一个更好的，即没有花粉的环境里疗养一下。我来到了位于北海的赫尔戈兰岛。

当我到达的时候，我累极了，而且我的整张脸都浮肿了。旅店女老板问我，是不是刚被什么人揍过？

量子理论 ～～～ 131

海森堡的原子图像

海森堡几乎不睡觉，他把他的时间分为三部分：创建量子力学、攀岩和背诵歌德的诗歌。他努力寻找把量子数与原子能态和由实验确定的光谱频率与强度（亮度）联系起来的规律。

这与 1900 年普朗克处理黑体辐射时所做的类似。

利用玻尔提出的对应原理（这里量子物理和经典物理是有重叠区域的），海森堡假设玻尔原子具有非常大的轨道。此时轨道频率将等于辐射频率，原子的行为会像是一个简谐振子。

他知道如何由经典物理学出发分析这一问题。可以使用经典物理中常见的量，比如线性动量（p）和偏离平衡位置的位移（q）。他可以求解经典运动方程，然后计算粒子在态 n 时的能量，即量子化的 E_n。

　　从可以计算的最大轨道出发，他努力猜出位于原子中较小轨道的情形。这里他的直觉，有些人可能会称之为天才，让他得到了一个包括所有可能态的公式。他终于破解了光谱的规律。

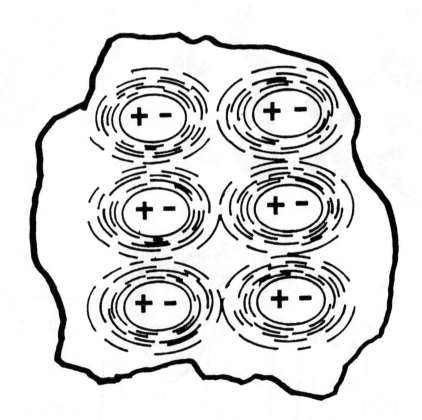

此时，知道他已经接近得到一些非常新的东西，海森堡作出了令人惊讶的发现。

乘法基础的交换律被打破了，海森堡非常困惑于这一点。

为了使他的理论得到正确的光谱线的频率和强度，海森堡不得不和玻尔一样引入了量子假设。

在赫尔戈兰岛的一个夜晚，他证明了能态不仅是量子化的而且是不含时的，即它们和玻尔的原子一样是稳定的。他后来称此为……

……来自天堂的礼物。

当最终的计算结果摆在我面前的时候，已经是凌晨三点了。起初，我非常震惊、非常兴奋，以至于不想睡觉。

所以，我离开房屋，坐到一块石头上等待日出。那就是"赫尔戈兰之夜"。

6月19日，海森堡回到了哥廷根并把他的结果发给泡利这位宝贵的批评家。如果他的理论是正确的，他就朝着杀死轨道的概念迈出了第一步。他现在几乎完全从花粉过敏症和电子轨道这两个病患中恢复过来了！

马克斯·玻恩和矩阵力学

泡利看好这篇论文，所以在出发访问剑桥的卡文迪许实验室并度过一个休闲假期之前，海森堡把泡利的论文放在了马克斯·玻恩的面前。

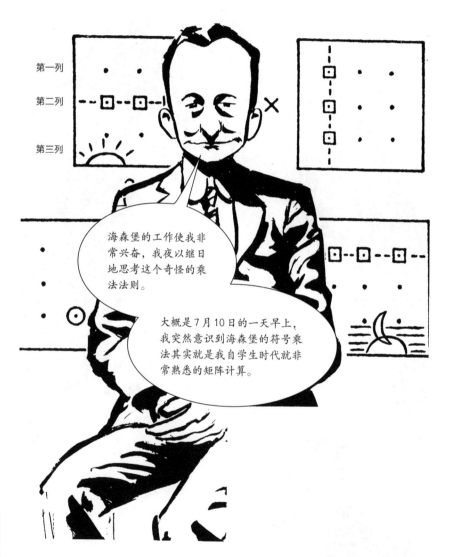

有了这个想法，矩阵力学就诞生了，或者我们可以说是"玻恩"了。通过与一名天才学生、矩阵方法好手——帕斯卡尔·约旦（1902—1980）的合作，玻恩把海森堡的理论改写为系统的矩阵语言。

现在光谱的频率可以用如下无穷维的矩阵表示：

$$f_{m,n} \quad
\begin{matrix}
f_{11} & f_{12} & f_{13} & f_{14} & f_{15} & f_{16} & \text{etc.} \\
f_{21} & f_{22} & f_{23} & f_{24} & f_{25} & f_{26} & \text{etc.} \\
f_{31} & f_{32} & f_{33} & f_{34} & f_{35} & f_{36} & \text{etc.} \\
f_{41} & f_{42} & f_{43} & f_{44} & f_{45} & f_{46} & \text{etc.} \\
\text{etc.} & \text{etc.} & \text{etc.} & \text{etc.} & \text{etc.} & \text{etc.} & \text{etc.}
\end{matrix}$$

由于海森堡的想法是基于个别的动量为 $p(t)$ 和位移为 $q(t)$ 的具有这些频率的振子，它们将也是无穷维的矩阵。

$$\mathbf{p} =
\begin{matrix}
p_{11} & p_{12} & p_{13} & p_{14} & \text{etc.} \\
p_{21} & p_{22} & p_{23} & p_{24} & \text{etc.} \\
p_{31} & p_{32} & p_{33} & p_{34} & \text{etc.} \\
\text{etc.} & \text{etc.} & \text{etc.} & \text{etc.} & \text{etc.}
\end{matrix}
\quad \text{and} \quad
\mathbf{q} \;
\begin{matrix}
q_{11} & q_{12} & q_{13} & q_{14} & \text{etc.} \\
q_{21} & q_{22} & q_{23} & q_{24} & \text{etc.} \\
q_{31} & q_{32} & q_{33} & q_{34} & \text{etc.} \\
\text{etc.} & \text{etc.} & \text{etc.} & \text{etc.} & \text{etc.}
\end{matrix}$$

通过引入海森堡的量子假设就可以得到正确的频率和强度，p 和 q 分别由矩阵形式的一组两个数来表示。

$$pq - qp = \left(\frac{h}{2\pi i} \right) I \quad （量子条件）$$

这里的 I 是单位矩阵，它看起来是这样的：

$$\mathbf{1} =
\begin{matrix}
1 & 0 & 0 & \text{etc.} \\
0 & 1 & 0 & \text{etc.} \\
0 & 0 & 1 & \text{etc.} \\
\text{etc.} & \text{etc.} & \text{etc.} & \text{etc.}
\end{matrix}$$

泡利证明矩阵力学是正确的

　　当这个条件用于以矩阵形式书写的力学的经典方程时，可以得到一系列的方程，它们可以推出原子光谱线的频率和相对强度。但……

尽管我可以用我的新理论推出所有旧的牛顿力学的结果，但我依然无法用它来计算氢光谱。

不要着急，沃纳，我已经掌握了你的新力学，不仅推出了氢光谱，而且推出了在电场和磁场作用下产生的那些额外的谱线。

海森堡创立了第一个完整版本的量子力学。

但有些东西改变了。新的理论没有可视化的物理图像，我们无法在自己的头脑中产生一个形象的模型。这里没有玻尔和索末菲为解释氢光谱而构造出的复杂的电子轨道。这是一个纯数学的形式，很难应用并且不能图像化。它只是给出了正确的答案。

海森堡放弃了使原子形象化的所有努力，不管是把它想象为粒子还是想象为波。他认定任何把原子结构类比为经典世界中的结构的努力都是徒劳的。

与之相反，我纯粹用数字描述原子的能级。由于对这些数字进行运算的数学方法叫矩阵，我的理论被称为矩阵力学。我很讨厌这个名称，因为它太抽象了。

后来，其他原子的光谱图案也被推算出来了。但还是没人知道这个理论的重要部分，奇怪的非对易性的物理意义是什么。

这是否意味着测量的顺序是重要的？以及测量动作本身是危险的？

欧文·薛定谔——天才和情人

与此同时，其他物理学家并没有放弃使物理世界的各个方面图像化的努力，原子结构应当也是其中之一！所以，他们并不认同海森堡的矩阵力学。

尤其是，来自苏黎世的天才物理学家欧文·薛定谔对这个数学复杂且缺乏物理图像的新理论表示了蔑视。

我决心发展另一个版本的基于德布罗意物质波概念的量子力学。

我相信我的方法对物理学家来说更容易被接受，并标志着一种对连续、可视化的经典物理世界的回归。

薛定谔说对了第一部分，但第二部分就完全错了！

为了创建量子力学，沃纳·海森堡需要在山上没有花粉的空气里独自散步，保罗·狄拉克需要剑桥圣约翰学院宁静单调的房间，而欧文·薛定谔则有非常不一样的灵感来源。

薛定谔是著名的花花公子，他物理工作的灵感往往来自他最近的爱人。他职业生涯最重要的科学发现完成于 1925 年的圣诞假期，当时他正在奥地利蒂罗尔他最喜欢的浪漫酒店里与女友幽会。他在思考波。

薛定谔的方程

薛定谔方程的解是一个波，它以某种神奇的方式描述了系统的量子特性。对这个波的物理诠释将成为量子力学最重要的哲学问题之一。

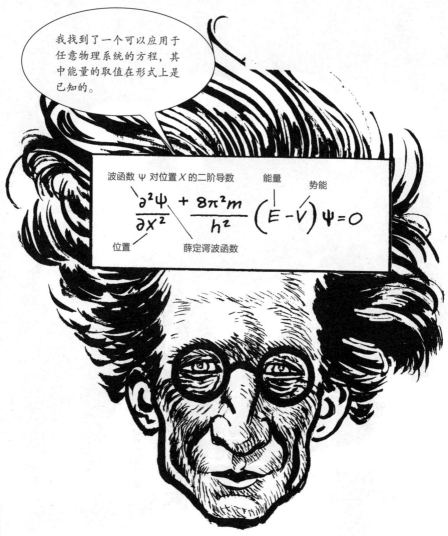

这个波本身用希腊符号 Ψ 来表示，这个符号对今天所有的物理学家来说都只意味着一样东西……即薛定谔方程的解。他确实很认真地对待了德布罗意的物质波思想。

周期函数的傅里叶谐波分析

这个标题听起来有点专业，但我们必须简单介绍一下傅里叶分析，才可能理解物理学家在 1926 年 1 月薛定谔方程发表后的喜悦心情。

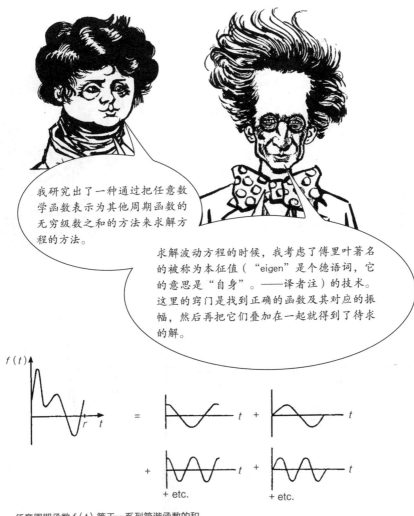

任意周期函数 $f(t)$ 等于一系列简谐函数的和。

这样，薛定谔方程的解，即系统的波函数，可以用一系列无穷的级数，它们中的每一个都是个别态的波函数，这些波函数相互之间都是固有谐波。这意味着，它们的频率都可以用一个整数的比联系起来。

这个方法如下图所示。粗线表示初始函数，它可以被一个无限的系列谐波周期函数的和所替代。

薛定谔的惊人发现是，这些替代的波代表了量子系统个别的态，并且它们的振幅给出了这些态相对整个系统的重要程度。

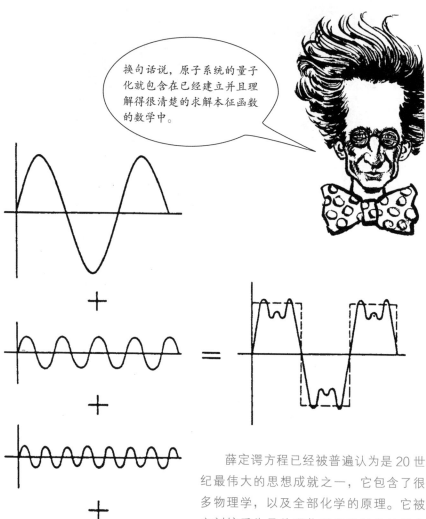

换句话说，原子系统的量子化就包含在已经建立并且理解得很清楚的求解本征函数的数学中。

薛定谔方程已经被普遍认为是 20 世纪最伟大的思想成就之一，它包含了很多物理学，以及全部化学的原理。它被立刻接受为是处理物质原子结构的具有前所未有巨大力量的数学工具。

一点也不奇怪，这项工作就是后来的波动力学。

薛定谔原子的可视化

薛定谔所做的就是把一个原子的能态问题简化为利用傅里叶分析求解这个振动系统上的固有泛音的问题。

一维驻波（例如小提琴弦）的固有频率和节点数是容易被可视化的。这个图像可以推广到二维系统，比如被敲击的鼓面的振动。从鼓面上不同振动态的计算机模拟可以多少看出薛定谔心里的想法。

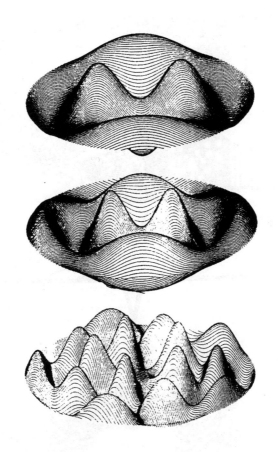

尽管把像氢原子那样的三维振动系统可视化是非常困难的，一维和二维的图像仍然是有用的。

被玻尔、索末菲和海森堡称为量子数的那些整数现在就与一个振动系统中波节的数目建立起了自然的联系。

巴尔末公式、塞曼效应及其所有的一切

很快，利用薛定谔的理论就完整地描述了氢原子中的谱线，作为试金石的巴尔末公式被推导出来了。此外，在电场和磁场中谱线的分裂也由波动方程成功地得到了。

这样，薛定谔就发现了三维波解的整数（波节数）精确地对应旧量子论中的三个量子数 n、k 和 m。

薛定谔：回到经典物理学？

　　尽管他在量子理论上的突破完成了创新，这位奥地利数学物理学家其实属于物理学的经典学派。他痛恨玻尔提出的原子中不连续的量子跃迁的概念。现在他有了一个数学系统可以解释光谱线，并且不需要假设这些讨厌的量子跃迁。他做了一个与声波的类比……

亮线光谱的频率现在可以看作两个其他量子态振动频率之间产生的节拍。

把量子跃迁描述为能量连续地由一个振动模式传递给另一个是一种比无法描述的跃迁电子更具吸引力的想法。

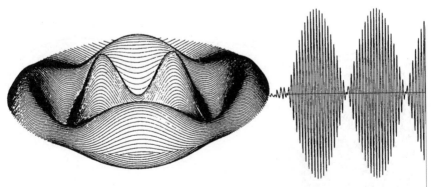

　　薛定谔希望用他的新发现回到一种基于连续过程不受突变扰动的物理学。他提出的构想本质上是一种经典的物质波理论，它与力学的关系和麦克斯韦的电磁波理论与光学的关系一样。

谁还需要粒子?

薛定谔甚至开始怀疑粒子的存在。

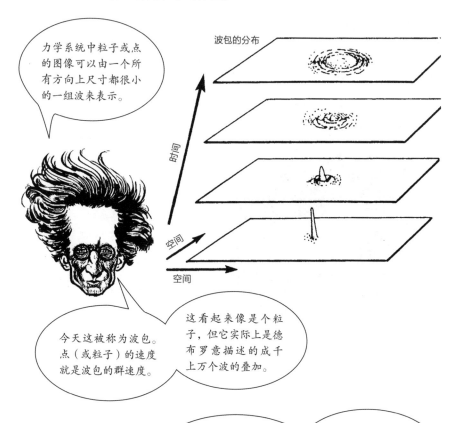

力学系统中粒子或点的图像可以由一个所有方向上尺寸都很小的一组波来表示。

波包的分布

时间

空间

空间

今天这被称为波包。点(或粒子)的速度就是波包的群速度。

这看起来像是个粒子,但它实际上是德布罗意描述的成千上万个波的叠加。

对原子中的电子这可能是成立的,但自由电子呢?

波包真的可以保持在一起并用来描述一个运动的电子吗?

薛定谔希望把所有的粒子都描述为波的叠加。但伟大的经典物理学家亨德里克·洛伦兹(1853—1928)在他生命的最后几年里仍然保持着思想的锐利,他对薛定谔的物理诠释提出了尖锐的批评。

人们很快就发现波函数随着时间的推移的确是变宽的。显然，薛定谔是错的而洛伦兹是对的！

那么粒子的波函数与粒子本身之间的关系是什么？这是个棘手的问题。它是波动力学发展过程中需要解决的最后一个问题。

两个理论，一个解释

薛定谔问自己在他自己的理论和海森堡的矩阵力学之间是否存在什么关系。起初，他看不到任何联系，但在 1926 年 2 月的最后一周，他在他自己的分析中发现了一个重要的结论。

我反感海森堡的形式，因为它涉及困难的代数并且欠缺一个清晰的视角或图像。

然而令我惊讶的是，我发现这两种理论从数学的观点看是完全等价的。

一种理论是基于清晰的波动概念下的原子结构模型，而另一种理论声称，这样一种模型是完全没有意义的。但它们都给出了相同的结论。这真的很奇怪！

这就是薛定谔方程。1987 年，这个方程的最终形式出现在奥地利为纪念薛定谔诞辰 100 周年而发行的邮票的首日封上。

当薛定谔遇到海森堡

1926 年 7 月，薛定谔在慕尼黑索末菲的每周学术研讨会上发表了演讲。听众中就有海森堡。

薛定谔讲完了，他的方程就写在黑板上。"诸位，还有什么问题吗？……"

海森堡站起来问道……

你是否能够用你的连续的波动模型解释一下诸如光电效应和黑体辐射这样的量子过程？

从慕尼黑回来后，薛定谔就回到了他的书房……

海森堡是对的！我无法把我的连续的电子波的解释与光电效应这样的现象调和起来。

这是回归经典物理理论碰到的最大的困难。这一回，我根本找不到解决问题的办法。

量子理论

151

马克斯·玻恩：ψ 的概率解释

薛定谔曾经认为 ψ 是一种"影子波"，即它多少代表了电子的位置。然后，他又改变了主意，声称它是"电荷的密度"。说实话，他有点困惑了。

1926 年夏天，一种更容易被接受的概念由马克斯·玻恩提出了。他写了一篇讨论碰撞现象的论文，在这篇论文里他介绍了量子力学中的概率。

> ψ 是一个电子由状态 n 散射到方向 m 上的概率幅。在某种意义下，它是它自己的强度波。

> 当对它平方并取绝对值之后，它就变成了与之相联系的粒子出现的物理概率。

电子 ψn
处于状态"n"的电子

ψm
电子被散射到状态"m"上

一个月之后，玻恩声称一个态出现的概率由个别归一化波函数振幅的平方（即 ψ^2）给出。这是另外一个新概念，特定量子态存在的概率。玻恩说，在原子理论中，不存在确定的答案，我们得到的都是概率性的。

氢的基态

根据玻尔的理论所绘

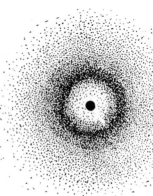

根据玻恩的理论所绘

两种概率

  1926 年 8 月 10 日，玻恩在牛津市展示了一篇论文，在这篇论文中他清晰地区分了物理学中的旧概率和新概率。在旧的经典麦克斯韦－玻尔兹曼理论（见本书第 26 ~ 31 页）中物理学家已经引入了气体动力学理论里的微观坐标，由于不可能知道每个气体分子的运动状态，我们只能在概率的基础上对它们取平均并消去这些微观坐标。对具有这么多粒子的物理系统而言，想要计算出物理量的严格取值是不可能的。

但新的理论在不引入平均的前提下就是概率性的。这种概率性不是由无知引起的。这种概率性就是我们对原子系统可能知道的全部。

玻恩通过引入概率的概念把粒子和波动的概念调和起来了。波 ψ 决定了电子在特定位置的可能性。与电磁场不同，ψ 并没有物理现实意义。

薛定谔的猫——量子测量问题

在玻恩的论文发表后大约十年，量子态的概率性叠加的概念正在被普遍接受。薛定谔对此感到苦恼，因为他觉得自己的方程被误用了，于是他发明了一个"思想实验"，他相信这个实验将一劳永逸地证明这个概念是荒谬的。

薛定谔设想了一个奇怪的实验，其中有一只活猫，它被放在一个装有放射性源、盖革计数器、锤子和封有致命毒烟的玻璃烧瓶的盒子里。当放射性衰变发生时，计数器触发释放锤子的装置，锤子落下来打破烧瓶。然后毒烟放出来把猫杀死。

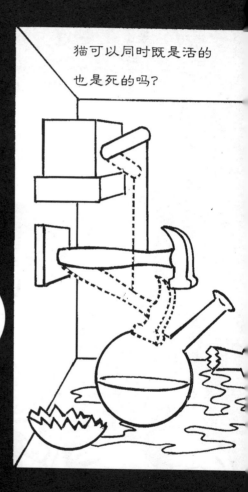

猫可以同时既是活的也是死的吗？

假设放射性源如量子理论所预言的一个粒子将有50%的概率会在一小时内衰变。一小时后，每一个态都有相同的概率出现……活猫态或是死猫态。

量子理论（按照玻恩解释）预言在实验开始的一个小时后，盒子里的那只猫将既不是全活的也不是全死的，而是两个态的混合，即两个波函数的叠加。

看，这是荒谬的！

对我的波函数的概率解释是无法接受的！

薛定谔认为他已经证明了自己的观点。然而60年后的今天，他的所谓悖论却恰恰被用来讲授量子概率以及量子态的叠加。

一旦我们打开盒盖以确定量子预言是否正确，僵局将自动打破。

我们观察的动作使两个波函数的叠加坍缩到一个波函数上，这使得猫是确定的死或者是确定的活。

意识和波函数的坍缩

匈牙利出生的物理学家尤金·维格纳（1902—1995），一名量子理论方面的专家及诺贝尔奖得主，是困惑于波函数坍缩的原因的少数几个人之一。

这里观察者的意识发挥了作用。当我们关注某个事物的时候，我们将触发波函数关键性的坍缩，使得令人困惑的活态与死态的叠加消失。

评论家会问，一只阿米巴原虫是否会导致坍缩，或者甚至猫自身的意识就能够使得它在整个实验过程中保持真实吗？这些问题是自艾萨克·牛顿以来的物理学家无法回答的。

维格纳的解释在物理学家中并不流行，甚至也没有得到严肃的对待。量子理论是有效的。它能够为最复杂的理论问题提供现实有效的答案。那些天天使用量子理论并习以为常的人可能并不关心是什么导致了波函数的坍缩！

保罗·阿德里安·莫里斯·狄拉克：天才和隐士

　　我们已经了解了新量子理论的两个版本，第一个是海森堡的使用矩阵方法的力学，第二个是薛定谔的波动方程，现在我们来考虑第三个，它是由英国数学家保罗·A. M. 狄拉克独立研究出来的。

　　1925 年夏天，海森堡在剑桥的卡皮查俱乐部做了一次报告，之后他给了邀请人拉尔夫·福勒一份未发表的关于他开创性新理论的手稿。福勒把这份手稿交给了他年轻的研究生保罗·狄拉克，同时留下一条备注，问狄拉克对这篇文章有什么看法。狄拉克认真地对待了这条备注。

　　狄拉克独自一人工作，就像他在整个 44 年的物理学家生涯里展示出来的一样。他看了海森堡的手稿，认为这是一个重要的新起点。

它能够解决玻尔、爱因斯坦和普朗克的旧量子理论的难题。

狄拉克版本的量子力学

起初，非对易量（两个量的乘积依赖于它们的次序，使得 A×B 不等于 B×A）的出现困扰了他，狄拉克意识到这是这种新方法的关键。他很快发现了非对易量与经典物理学的联系，并使用非对易性这个新的基本概念发展出了他自己版本的量子力学。

海森堡和玻恩被狄拉克的论文震惊了。狄拉克立刻成为俱乐部的一员，他也注定要作为量子理论的创建者之一而不朽。

狄拉克的变换理论

但这仅仅是个开始。到 1925 年 11 月，在收获新力学种子后的仅仅四个月，狄拉克就已经完成了四篇系列论文，这吸引了各地，特别是来自哥本哈根、哥廷根和慕尼黑这几个量子研究中心的理论家的注意。这些论文放在一起构成了狄拉克向剑桥的教授们提交的毕业论文，他们非常高兴地授予他博士学位。

接着，玻尔于 1926 年 9 月在哥本哈根向他招手。在那里，狄拉克完成了另一篇关于变换理论的重要论文。

哥本哈根

$r_5 = 25r_1$

$r_4 = 16r_1$

$r_3 = 9r_1$

$r_2 = 4r_1$

$n = 2$

$n = 3$

我证明了最近发表的欧文·薛定谔的波动力学和海森堡原先的矩阵力学都可以看作我的理论中更一般形式的特例。换句话说，它们是等价的。

量子电动力学的开始

在哥本哈根，尔后又在哥廷根，狄拉克开始研究电磁辐射，即光的发射和吸收问题。四分之一世纪以前，普朗克和爱因斯坦就已经提出了关于光是由粒子组成的理论证据，即今天所说的光子。

尽管在 19 世纪有大量的证据支持光的波动模型，爱因斯坦还是重新点燃了关于粒子和波动的二象性的争论。

但常识要求光必须是二者中的一个。狄拉克证明量子理论可以解决这个明显的悖论。

> 通过把量子理论一致地运用于麦克斯韦的电磁理论，我构建了第一个已知的量子场论样本。

连续场的概念是由法拉第和其他一些科学家（还记得科学课上学过的铁屑和条形磁铁吗？）引入的，现在它们破裂成碎片以与物质发生相互作用，我们已经知道物质是由分立的对象如电子、质子等构成的。狄拉克的新方法能把光处理为波动或粒子并得到正确的答案。这简直就是魔法！

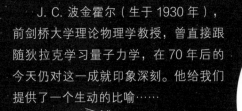

J. C. 波金霍尔（生于 1930 年），前剑桥大学理论物理学教授，曾直接跟随狄拉克学习量子力学，在 70 年后的今天仍对这一成就印象深刻。他给我们提供了一个生动的比喻……

狄拉克的理论用以下形式进行理解就很清楚，如果我们以粒子的方式进行研究就得到粒子的行为，如果我们以波的方式进行研究就得到波的行为。

这就好比有人说哺乳动物不可能产卵，然后突然鸭嘴兽就被发现了。

波

粒子

自从狄拉克完成这项工作以后，光的波粒二象性对于那些能够看懂数学的人来说就不存在悖论了。第二次世界大战之后，狄拉克的开创性工作又由理查德·费曼（1918—1988）等人继续发扬光大。

我们的理论叫作量子电动力学，缩写为 QED。（该理论以极高的精度描述光与物质之间的相互作用。——译者注）

理查德·费曼　　弗里曼·戴森　　朱利安·施温格　　朝永振一郎

狄拉克方程和电子自旋

　　成为世界知名的物理学家并没有显著地影响狄拉克的工作习惯。回到剑桥后，他继续紧张地工作，几乎都在圣约翰学院回廊院落的私人房间中工作。他又将有一个伟大的发现。

　　当时薛定谔的波动力学占据着中心位置，无处不在的波动方程主导了量子理论（对大多数物理学家来说，今天也依然如此）。薛定谔无法解释电子奇异的磁性，即自旋。因此，他也无法把爱因斯坦的相对论纳入他的波动方程。主要是基于审美的论证，狄拉克以令人惊艳的风格解决了这个问题。

我保留了狭义相对论和量子力学的对称性，并猜出了一个新的电子的波动方程。它似乎是对的。

　　他发现的公式（现在被称为狄拉克方程）不仅描述了接近光速运动的电子，而且在没有使用任何特设性假设的前提下就预言了电子具有 1/2 自旋，这正是我们已经从实验中知道的。

预言反物质

　　值得一提的是，狄拉克方程还指出存在带正电的电子，这与我们以前观察到的每一个电子所带的电荷相反。

这是反物质可能存在的第一个线索，即和普通粒子相比具有相同的质量和自旋，但相反的电荷。

　　几年后，当卡尔·安德森在加利福尼亚理工学院的一个云室里发现了反电子（现在也称为正电子）的时候，这一预言就得到了证实。于是狄拉克开辟了反粒子物理学这一广阔的领域。

　　在观察到正电子后仅仅一年，狄拉克就和薛定谔一起因他们在量子理论方面的工作获得了 1933 年的诺贝尔奖。现在让我们回到 1926—1927 年。

不确定原理

　　1927 年，海森堡有了第二个重大发现，这是一个和他发现矩阵力学同样重要的发现。在他实证主义理念的驱动下，海森堡认为只有可观测量才能成为任何理论的一部分。海森堡意识到量子理论意味着对同时测量的特定对的物理量的精度存在着基本的限制。以下就是对他工作的介绍。

　　让我们考虑两个非对易的量，位置和动量（$pq-qp=\dfrac{h}{2\pi i}$）……

我发现我们无法精确地确定亚原子粒子的位置，除非我们完全不介意粒子的动量是多少。

此外，我们也无法确定粒子的精确动量，除非你完全不介意粒子的位置在哪里。同时精确地测量这两个量是不可能的。

　　通过估算同时测量位置和动量的不确定度可以很容易获得这个不确定的定量关系。为了精确地定位或"看见"任何物体，照亮物体的辐射必须具有小于物体自身尺寸的波长。对于原子中的电子来说，这意味着波长必须远远小于紫外光的波长，因为整个氢原子的直径仅相当于可见光波长的一小部分。

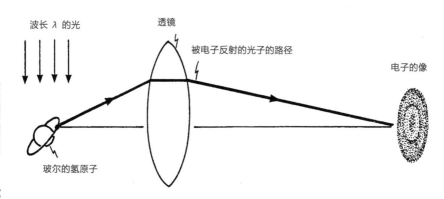

波长 λ 的光　　透镜　　被电子反射的光子的路径　　电子的像

玻尔的氢原子

海森堡的伽马射线显微镜

　　为了研究这一问题，海森堡假想使用一台伽马射线显微镜。伽马射线具有非常短的波长，因此具有很大的动量。这样，电子的路径就不再是光滑和连续的了，由于伽马射线光子的撞击，它将是非常不稳定的。下图是乔治·伽莫夫画的著名的海森堡假想装置的示意图。玻尔曾帮助海森堡澄清了这里的推导。

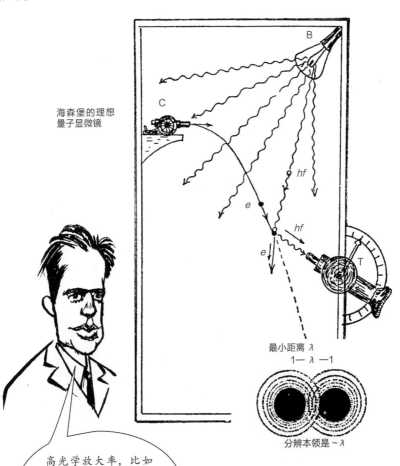

海森堡的理想
量子显微镜

B

C

hf

e

hf

e

T

最小距离 λ

1— λ —1

分辨本领是 ~λ

高光学放大率，比如在显微镜下，物体位置测量的精度是由衍射确定的，此时干涉图案会发生重叠。

　　如图所示，这种不精确度约等于所用辐射的波长。因此，位置测量的不确定度是 $\Delta X \sim \lambda$。（注意这里用 X 表示位置而不用 q，~表示"约等于"。）

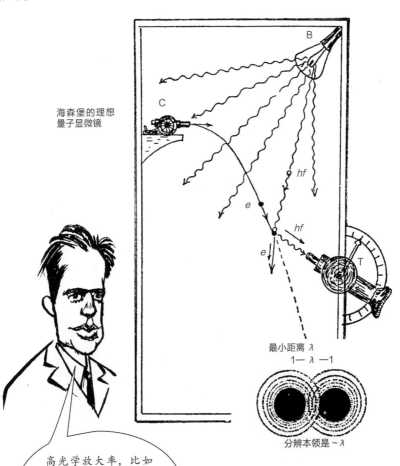

量子理论

165

相应地，动量测量中的最小不确定度约等于用于照射粒子的单个光子可以传递给粒子的动量，这是可能的对粒子的最小干扰。根据德布罗意－爱因斯坦关系，$\Delta p \sim h/\lambda$，海森堡得到了动量的不确定性。把这两个不确定性相乘，海森堡证明乘积 $\Delta X \Delta p$ 将始终大于或等于一个确定的量……

德布罗意关系

$$(\Delta x)(\Delta p) \geq (\lambda)(h/\lambda) \geq h \quad OR \ldots \Delta X \Delta p \geq h$$

衍射极限

这就是海森堡的不确定原理（HUP），它说的是……

动量和位置同时测量时，不确定度的乘积总大于一个确定的量，约等于普朗克常数。

ZEITSCHRIFT FÜR
PHYSIK

HERAUSGEGEBEN UNTER MITWIRKUNG
DER
DEUTSCHEN PHYSIKALISCHEN GESELLSCHAFT
VON
KARL SCHEEL

DREIUNDVIERZIGSTER BAND

VERLAG VON JULIUS SPRINGER, BERLIN

Über den anschaulichen de
Kinematik und M

Von W. Heisenberg in

Mit 2 Abbildungen. (Eingegange

In der vorliegenden Arbeit werden zunächst exakte Definitio
Geschwindigkeit, Energie usw. (z. B. des Elektrons) aufgestellt, die
Quantenmechanik Gültigkeit bel und es wird gezeigt, daß kar
jugierte Größen simultan nur m
werden können (§ 1). Diese
Auftreten statistischer Zusamm
matische Formulierung gelingt
den so gewonnenen Grundsätze
Vorgänge aus der Quantenmec
Erläuterung der Theorie werden
Eine physikalische T

尽管我们在宏观世界的日常经验中从来没有注意到过海森堡不确定原理，波粒二象性击碎了实验原子物理学家追求完美的梦想。很多人相信，对我们来说这个概念里存在着重要的哲学意义。

决定论的崩塌

18 世纪晚期，法国哲学家皮埃尔·西蒙·德·拉普拉斯（1749—1827）阐述了决定论的原理：

……如果在某一时刻，我们知道宇宙中所有粒子的位置和运动，那么我们就可以计算出它们在未来或过去任意时刻的行为。

海森堡不确定原理摧毁了这个陈述的前提，因为任何时候我们都无法知道一个粒子准确的位置和运动。这样，决定论在海森堡不确定原理成立的前提下就是不能被接受的。

这一结论的批评者认为，这样一个基于原子世界的关系不能合法地上升为普遍的法则。几年后，维克托·魏斯科普夫（1908—2002），一位在 20 世纪 30 年代经常参加玻尔研究所会议的匈牙利物理学家，雄辩地回答了这一问题。

不确定原理使我们对自然的理解更丰富，而不是更贫乏了。它限制了经典物理学在原子层面的应用，从而为像波粒二象性这样的新现象留出了空间。引用哈姆雷特的话就是：

在天堂和地球上有比在你们的哲学里所能梦想到的更多的东西。

但在 1927 年的春天，没人能想象在另一个"伟大的丹麦人"玻尔的"哲学"里面会有些什么。

互补性

1927 年，当他在挪威滑雪度假期间，玻尔发现了他认为的理解量子力学的重要核心——波粒二象性。但他有了一个新的视角。

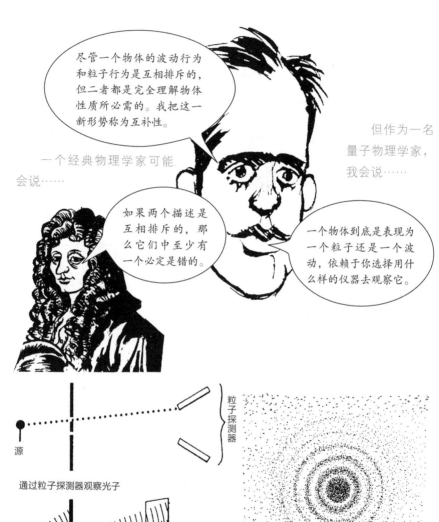

尽管一个物体的波动行为和粒子行为是互相排斥的，但二者都是完全理解物体性质所必需的。我把这一新形势称为互补性。

但作为一名量子物理学家，我会说……

一个经典物理学家可能会说……

如果两个描述是互相排斥的，那么它们中至少有一个必定是错的。

一个物体到底是表现为一个粒子还是一个波动，依赖于你选择用什么样的仪器去观察它。

粒子探测器

源

通过粒子探测器观察光子

源

屏

通过波动探测器观察光子

电子表现出波动和粒子的性质

哥本哈根诠释

在与海森堡就这一概念争论了数周之后，玻尔开始把量子理论的不同部分汇总为一个连贯的整体。他把海森堡工作的各个方面，包括矩阵力学和不确定原理，与玻恩的对薛定谔波动方程的概率解释以及他自己的互补性概念结合起来。

甚至更激进地，我（与海森堡、泡利和玻恩）认为没有测量就不可能对原子系统所处的状态进行描述，它只是潜在地能够以一定的概率具有一些特定的取值。

这是另一个新概念，侧重于量子测量问题以及与经典物理学的非常重要的联系。这一系列想法被统称为哥本哈根诠释。

1927 年 9 月，意大利科莫

玻尔花了几个月的时间努力澄清他关于量子理论各方面的思想，1927 年
9 月，他在科莫向欧洲几乎所有最优秀的物理学家发表演讲，这里玻尔第一
次详细阐述互补原理，但波尔逃过了爱因斯坦挑剔的眼睛和耳朵（因为后者
拒绝踏上法西斯统治下的意大利）。

假设一组实验证据只能用基于
波动的性质予以解释，而另一
组实验证据只能用基于粒子的
性质予以解释，并且这两组证
据不互相矛盾。

由于这些证据是在不同的实验条件下获得
的，因此不能把它们合并为一个单一的图
像，而必须把它们看作补的。

1927 年 10 月，索尔维会议

　　1927 年 10 月底，在科莫会议结束后的几周，玻尔抵达布鲁塞尔的大都会酒店，参加本书开篇重点介绍过的历史性的索尔维会议。

> 这一次，爱因斯坦将出席，我非常渴望听到他会说些什么。

　　爱因斯坦想要一个能够描述事物本身的理论，而不是它发生的概率。但玻尔相信爱因斯坦会接受他的解释，它有实验的支持。这种方法正是爱因斯坦自己用来捍卫他的狭义相对论的方法，而狭义相对论也挑战了常识。

　　但使玻尔震惊和失望的是，爱因斯坦宣布……

> 我不喜欢概率性的理论，并且相信玻恩、海森堡和你自己所遵循的道路只是暂时的、具有启发意义的，仅此而已。

　　爱因斯坦开始通过攻击哥本哈根诠释所依赖的"令人反感"的不确定原理来摧毁哥本哈根诠释。他使用了巧妙的"思想实验"，试图反驳海森堡的原理。但每一次玻尔都在爱因斯坦的框架内发现了破绽并反驳了他的论据。

爱因斯坦的光子箱

　　三年后，在下一次索尔维会议上，发生了最严峻的挑战。爱因斯坦相信他终于找到了一个海森堡不确定原理被违反的例子。他描述了一个充满光的盒子，并假设单个光子的能量和从盒子里发射出去的时间是可以精确地确定的。时间和能量，原则上是另一对服从海森堡不确定原理的物理量。

首先，我们可以测量盒子的质量；其次，单个光子释放的特定时间可以由盒子里面能通过钟表控制的挡板来实现。

然后我们再测一下盒子的质量。知道了盒子在放出光子前后的质量差，就可以通过我的质能方程 $E=mc^2$ 计算出光子的能量。

现在能量的改变知道了，放出光子的精确时间也知道了。所以，你的不确定原理是错的！

一个无眠的夜晚

　　玻尔被难倒了吗？显然他整晚都没有入睡，忙着弄清楚这个实验哪里出了问题。第二天早上，他画了一个光子箱。然后，令爱因斯坦懊恼的是，玻尔反驳了他的"光子箱"论证。

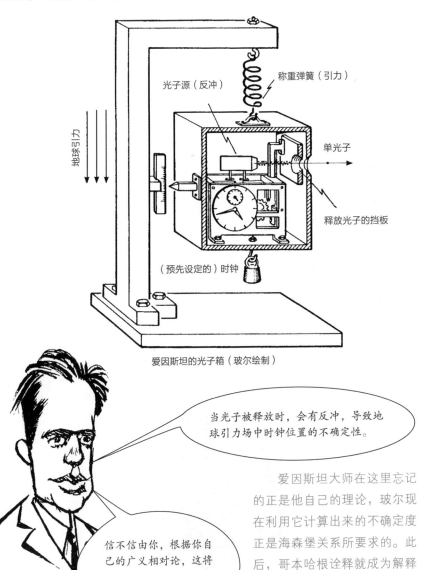

爱因斯坦的光子箱（玻尔绘制）

当光子被释放时，会有反冲，导致地球引力场中时钟位置的不确定性。

信不信由你，根据你自己的广义相对论，这将导致一个相应的时间记录的不确定性！

　　爱因斯坦大师在这里忘记的正是他自己的理论，玻尔现在利用它计算出来的不确定度正是海森堡关系所要求的。此后，哥本哈根诠释就成为解释量子理论的正统方式，并一直延续至今。

EPR 悖论

　　但爱因斯坦放弃了吗？并没有。五年后，希特勒的霸权使欧洲的物理学家流落到全世界，爱因斯坦最终来到了新泽西普林斯顿的高等研究所。他和两位年轻的同事鲍里斯·波多尔斯基（1896—1966）和纳森·罗森（1909—1995）合作，向玻尔提出了一个不基于不确定性原理的新挑战。这就是著名的以三位作者姓的首字母缩写命名的 EPR 悖论。

制备这样一对粒子，比如电子，处于所谓自旋单态下，即它们的自旋相互抵消导致总自旋为零。让我们假设这样一对粒子 A 和 B 分开得很远，然后沿着某个方向测量 A 的自旋，发现 A 处于自旋"向上"的态。

由于两个自旋必须相互抵消，我们得到粒子 B 自旋的取向也在相同方向上，并且必须是自旋"向下"的。

波多尔斯基

在经典物理学中，这根本不是问题。人们会得出结论说，粒子 B 从分离的时刻起就处于自旋"向下"的状态。

爱因斯坦于 1933 年逃离德国。

定域性原则

然而，根据哥本哈根诠释，自旋A在测量前是没有确定取值的，换句话说，在测量的瞬间A必然对B产生了一种瞬时效应，使得其自旋波函数坍缩为自旋相反或"向下"的态。

这种诡异的情况需要超距作用或超光速通信来解释，然而这两者都是不可接受的。

爱因斯坦和他的同事确信他们已经证明了在量子理论中存在着未被考虑到的隐变量（实在的要素），从而证明这个理论是不完备的。

这里的大问题是爱因斯坦的可分离性，即他的局域性原则……

如果两个系统彼此分开一段时间，那么对第一个系统的测量就不会对第二个系统产生实际的影响。

不要忘记我的狭义相对论，没有什么东西传播得比光速还快。

玻尔和非定域性

玻尔说，可分离性或局域性是不可能的。他立刻提醒爱因斯坦（和这个世界）说哥本哈根诠释一向认为……

量子力学不允许观察者和被观察者之间的分离。两个电子和观察者构成了一个系统。EPR 实验并没有证明量子理论的不完备，相反倒是证明了在原子系统中假设存在局域条件是天真的。一旦它们被联系起来，原子系统就无法分开了。

现在最大的问题就是，这种非局域性的显著特征是否可以被实验验证，或者可以证明确实存在爱因斯坦的可分离性。

贝尔的不等式定理

在提出 EPR 实验后的 30 年里，关于这个重要问题的进展甚微，直到约翰·S. 贝尔（1928—1990），一位来自贝尔法斯特的物理学家登场。当时，他暂时离开欧洲核子研究中心（CERN）休假一年，他提出了一个巧妙的不等式以检验这个由悖论导致的问题。

这个检验是基于关联光子（而不是电子）的，我们测量光的极化而不是电子的自旋。但原理是一样的，即 A 的变化将如何影响 B？

为了推出他的不等式，贝尔使用了每个人都会同意的一些事实和概念，除了……他假设爱因斯坦的局域性条件是对的。

现在，如果实验表明不等式被违背了，这将意味着推导中的某一个前提出错了。贝尔认为这将意味着自然是非局域的。

1978 年，约翰·克劳泽和其他一些人在伯克利进行的实验，以及特别是阿兰·阿斯佩小组于 1982 年在巴黎完成的实验，都表明贝尔不等式被违背了。

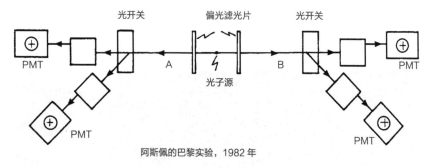

PMT= 光电倍增管

光开关　　　偏光滤光片　　　光开关

PMT　　　　　　　A　　　　　　B　　　　　　PMT

光子源

PMT　　　　　　　　　　　　　　　　　PMT

阿斯佩的巴黎实验，1982 年

这意味着，尽管现象表现为局域的，但我们世界的背后实际上是由一种隐藏的，但毫不含糊的允许超光速，甚至瞬时关联的实在支撑的。

> 非局域实在性下的相互作用：
> 1. 相互作用不会随着距离的增加而消失。
> 2. 它可以瞬时发生作用（比光速还快）。
> 3. 它可以把跨越空间的不同位置联系起来。

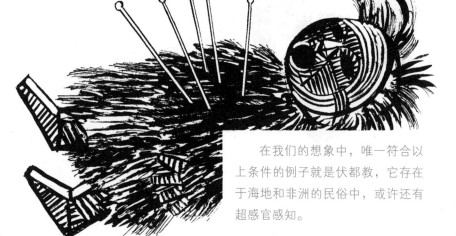

在我们的想象中，唯一符合以上条件的例子就是伏都教，它存在于海地和非洲的民俗中，或许还有超感官感知。

一个未被发现的世界

　　这是运用量子理论引出的发现，也应当是自然本身最重要的特征。贝尔的工作，可以应用于关于自然的任何基础理论（即不仅仅局限于量子理论），将被证明是 20 世纪最重要的理论思想之一。

　　尽管在过去的数十年里，我们对这一问题倾注了大量心血，但基于数百次测量的统计分析表明，像阿斯佩小组这样的实验还存在着一些漏洞。这些漏洞可以推翻对贝尔定理的论证，从而使这一问题重新变成一个开放问题。爱因斯坦和 EPR 悖论还没有被杀死！关于这一问题，全世界还在进行着大量的研究，如果你上网的话，你会发现经常有这方面研究的最新进展。

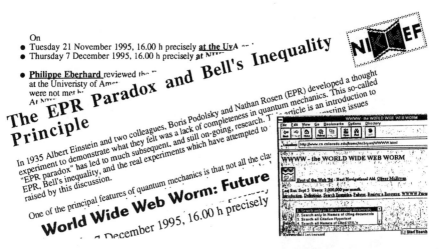

量子理论和新千年

　　这张照片里的对话无法代表爱因斯坦对玻尔量子理论诠释的最严峻的挑战。薛定谔的波和海森堡的不确定原理确实有效！但 EPR 悖论完全是另一回事。

　　确实，自 1982 年阿斯佩等人的关联光子实验以来，似乎已经证实了对贝尔定理的违背，这意味着自然是非定域的。问题看来已经解决了。

　　但非局域性真的成立吗？我们真的能够接受超距作用（想想伏都教和超感官感知等）这一荒谬的概念吗？

　　今天并不是每个人都同意关联实验是决定性的。那么，我们现在又身处何地呢？

约翰·阿奇博德·惠勒，量子物理学家

　　以下是约翰·惠勒（1911—2008）对这一问题的回答。约翰·惠勒是普林斯顿大学物理系的名誉退休教授，有超过60年的时间，惠勒一直奋斗在20世纪物理学研究的前沿领域，包括相对论性宇宙学和量子理论。他以不懈地努力理解量子理论的各个方面而闻名。他的工作强调了观察者在产生实在性方面的核心作用。

本书作者于1995年12月的一个下雪天在普林斯顿访问了约翰·惠勒。

> 我们中的一些人无法接受哥本哈根诠释中隐含的内容，特别是非局域性。有没有可能……爱因斯坦又对了一次？

> 关于EPR悖论，请记住：对于光子，我们没有权利询问光子在它们运动的时候做了些什么。在被跟踪记录到之前，也没有一个基本粒子涌现出来。我必须说，在日常语境下，量子理论是不可动摇、不可挑战、不可战胜的，它经历过最严酷的考验。

最后的话

　　惠勒最近致信给作者……

　　2000年12月，是物理世界有史以来最伟大的发现——量子——的一百周年纪念。为了庆祝这一发现，我会使用这样的标题，"量子：荣耀和耻辱"。为什么说是荣耀呢？因为现在没有哪个物理学的分支没有被量子理论照亮。说耻辱，是因为我们仍然不知道"量子是怎么来的？"

拓展阅读

量子理论在某种程度上是无法解释的。从尼尔斯·玻尔到罗杰·彭罗斯这样的顶尖物理学家和数学家都承认解释量子理论是没有意义的。我们能做的仅仅是探索这些概念是如何发展起来的以及应当如何运用这个理论。本书的重点是前者。以下是作者推荐的其他一些读物。

关于量子理论的发展

The Quantum World, J.C. Polkinghorne. Penguin 1990. Excellent though condensed read by a man who learned the subject from Dirac.

Thirty Years That Shook Physics, George Gamow. Doubleday 1966. A gem by the humorous physicist/cartoonist who first applied the discoveries of quantum theory in the 1930s. Available as a Dover paperback.

In Search of Schrödinger's Cat, John Gribbin. Bantam 1984. Until now, this was the best lay person's guide to how the theory emerged. Gives examples of theory's application, describes Feynman's quantum electrodynamics and summarizes modern interpretation at that time.

Taking the Quantum Leap, Fred Alan Wolf. Harper and Row 1989. Lively presentation of the basic yet surprising ideas of quantum theory.

关于该领域重要物理学家的生平和工作

The Dilemmas of an Upright Man, J.L. Heilbron. Univ. of California Press 1986. Sympathetic and thorough biography of Max Planck, who discovered the quantum.

Subtle is the Lord, Abraham Pais. Oxford University Press 1982. Of the dozens of biographical writings on Einstein, this is the definitive treatment.

Niels Bohr's Times, Abraham Pais. Oxford University Press 1991. Unusual storytelling reveals a man who groped his way through most of 20th century atomic physics as its leading authority.

Physics and Philosophy, Werner Heisenberg. Harper 1958. Discussion of the Copenhagen Interpretation and its importance to philosophy by the discoverer of matrix mechanics and the uncertainty principle with thirty years' perspective.

The Restless Universe, Max Born. Dover 1951. Easy to read classic on 20th century physics, including explanation of the statistical aspects of quantum theory. Corner flip pages demonstrate time sequences.

Matter and Light, Louis de Broglie. Norton 1939（also Dover paperback）. The French prince's point of view as he remembers it.

Schrödinger: Life and Thought, Walter Moore. Cambridge University Press 1989.

Acclaimed biography of the Austrian polymath, warts and all.

Beyond the Atom: Philosophical Thoughts of Wolfgang Pauli, K.V. Laurikainen. Springer–Verlag 1985. Thoughts of the cynical man who dreamt up the exclusion principle and who once described a theory as being so bad . . . it wasn't even wrong!

Directions in Physics, Paul Dirac. Wiley 1978. A set of lectures given by Dirac which includes his view of the unfinished work of fundamental theorists.

对量子理论的诠释.

Quantum Reality, Beyond the New Physics, Nick Herbert. Bantam 1985. Summary of the various interpretations of quantum theory, some of which have since lost credibility.

The Ghost in the Atom, edited by P.C.W. Davies and J.R. Brown. Cambridge University Press 1986. This set of interviews with John Bell, Alain Aspect, John Wheeler and others indicates the state of play on non–locality about a decade ago. Introduction and background on the two paradoxes of 1935: Schrödinger's Cat and EPR.

致　谢

　　本书的写作难度要比我预想的难得多。幸运的是，我能够有机会再次与奥斯卡·萨拉特合作，事实也证明这是一次难得的经历。我感谢与约翰·珀金霍恩、克里斯·伊夏姆、约翰·惠勒的有益交流，以及亚伯拉罕·派斯所著的《玻尔的时代》（*Niels Bohr's Times, In Physics, Philosophy, and Polity*）这本独一无二的参考书。我还要感谢科学史家马丁·克莱因，他于《自然哲学家》杂志发表的关于普朗克和爱因斯坦的早期量子理论工作的论文早在 25 年前就第一次启发了我。我还要感谢我的妻子帕翠以及其他家人，他们对我在写作期间的沉默寡言表现得超级耐心。

作者

J. P. 麦克沃伊曾经是一名物理学家和大学教授，现在是一名科普作家。他也是《史蒂芬·霍金简介》（*Introducing Stephen Hawking*）、《宇宙简史：从古巴比伦到大爆炸》（*A Brief History of the Universe: From Ancient Babylon to the Big Bang*）等书的作者。

插画师

奥斯卡·萨拉特是一位插画师，他的作品包括《弗洛伊德简介》（*Introducing Freud*）、《马基雅维利简介》（*Introducing Machiavelli*），以及《史蒂芬·霍金简介》等。他还出版过很多国际知名的图像小说。他与艾伦·摩尔合作的《小杀戮》（*A Small Killing*）一书曾获得威尔·艾斯纳最佳图像小说奖。

图书在版编目（CIP）数据

量子理论 /（美）J.P.麦克沃伊（J.P.McEvoy）著；
（英）奥斯卡·萨拉特（Oscar Zarate）绘；季燕江译.
—— 重庆：重庆大学出版社，2019.11
　　书名原文：INTRODUCING QUANTUM THEORY: A
GRAPHIC GUIDE
　　ISBN 978-7-5689-1850-3

　　Ⅰ.①量… Ⅱ.①J… ②奥… ③季… Ⅲ.①量子论
—青少年读物 Ⅳ.①O413-49

　　中国版本图书馆CIP数据核字（2019）第244534号

量子理论

LIANGZI LILUN

〔美〕J.P.麦克沃伊（J.P.McEvoy）　著
〔英〕奥斯卡·萨拉特（Oscar Zarate）　绘

季燕江　译

懒蚂蚁策划人：王　斌

策划编辑：张家钧

责任编辑：张家钧　赵艳君　　　版式设计：原豆文化

责任校对：王　倩　　　　　　　　责任印制：张　策

*

重庆大学出版社出版发行

出版人：饶帮华

社址：重庆市沙坪坝区大学城西路21号

邮编：401331

电话：（023）88617190　88617185（中小学）

传真：（023）88617186　88617166

网址：http://www.cqup.com.cn

邮箱：fxk@cqup.com.cn（营销中心）

全国新华书店经销

重庆市国丰印务有限责任公司印刷

*

开本：880mm×1240mm　1/32　印张：6　字数：218千

2019年11月第1版　　2019年11月第1次印刷

ISBN 978-7-5689-1850-3　　定价：39.00元

- -

INTRODUCING QUANTUM THEORY: A GRAPHIC GUIDE

by J.P.MCEVOY AND OSCAR ZARATE

Copyright: TEXT AND ILLUSTRATIONS COPYRIGHT © 2013 BY
ICON BOOKS LTD

Design of diagrams and graphs: Judy Groves

Handlettering: Woodrow Phoenix

Typesetting: Wayzgoose

Photo credits:

Pages 14, 15: Institut de Solvay; pages 172, 180: Niels Bohr Archive.

This edition arranged with THE MARSH AGENCY LTD
through BIG APPLE AGENCY, INC., LABUAN, MALAYSIA.

Simplified Chinese edition copyright:

2019 SDX JOINT PUBLISHING CO. LTD.

版贸核渝字（2018）第 222 号